口蹄疫免疫及免疫后监测指南

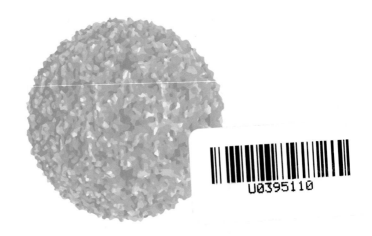

［意］詹卡洛·费拉里 (Giancarlo Ferrari)

［英］戴维·佩顿 (David Paton)

［阿根廷］赛尔吉奥·达菲 (Sergio Duffy) 编

［意］克里斯·巴特尔斯 (Chris Bartels)

［英］西奥·奈特-琼斯 (Theo Knight-Jones)

中国动物卫生与流行病学中心 组译

宋建德 李 昂 主译

中国农业出版社

北 京

译 审 人 员

主　　译：宋建德　李　昂

参　　译：高向向　朱　琳　刘陆世　袁丽萍

　　　　　梁俊文　孙映雪　王梦瑶　沙　洲

　　　　　郝玉欣

主　　审：赵晓丹　张秀娟　刘　栋

前　言

过去十年，是口蹄疫（FMD）控制和根除工作中一段令人振奋的时期。在这段期间，我们制订了 FMD 渐进性控制计划（PCP-FMD），提供了通过风险管理和成本效益分析方法来控制 FMD 的一种新颖的渐进性方式。PCP-FMD 是 FAO-OIE《全球口蹄疫控制战略（2012）》的核心内容，为该战略的实施发挥了重要作用。FAO 和 OIE 继续鼓励和支持其成员将 PCP-FMD 作为控制口蹄疫的可行方案，以减少 FMD 对粮食安全和贸易安全的影响，进而改善民生。

口蹄疫在亚洲、非洲和中东的许多国家仍呈地方性流行。任何一起口蹄疫疫情都能使农民在动物资产、产品收入、营养获取和消费支出等方面遭受极大影响。

疫苗是有效控制或根除 FMD 的工具之一，但前提是使用得当且质量和成分合乎要求。为此，当务之急是了解各地的流行株，以选择合适的疫苗株进行免疫。

通常疫苗和免疫成本占 FMD 控制总费用的 90％ 以上，因此规划和评估疫苗及免疫效果至关重要，以说服决策者包括最重要的参与者—养殖者，严格认真开展免疫工作。本指南是在 FAO 和 OIE 主持下编制的，旨在就口蹄疫疫苗及免疫监测原则提供最佳建议，重点是如何评估和确保免疫计划取得成功。这些指南是从专家角度提出的，以确定疫苗对循环的 FMD 病毒的有效性。FMD 病毒可直接影响多种偶蹄动物，并可间接影响本地和全球贸易。

本指南旨在为处于 PCP-FMD 不同阶段的国家或地区口蹄疫免疫计划提供指导和评估。同时，对无疫或停止免疫国家发生口蹄疫后按照 OIE《陆生动物卫生法典》要求重新获得无口蹄疫地位也有帮助。本指南也强调了兽医机构实施口蹄疫控制计划，特别是口蹄疫免疫计划的重要性。

鉴于大多数读者和用户可能具有广泛的疫病管理背景，但不一定是 FMD 专家，因此作者在撰写时力求在科学背景、方法论和实际案例之间达到平衡。

我们要感谢本书的作者和编辑，并感谢来自亚洲、非洲和南美洲的多国审稿专家，以及疫苗生产者和来自包括 OIE、FAO 参考中心在内的 FMD 专家的宝贵贡献。

Dr Juan Lubroth   *Dr Monique Éloit*

FAO 首席兽医官   OIE 总干事

摘 要

口蹄疫控制和/或根除措施已在不同地区实施多年，并得到了 OIE 关于国家状况和国家控制计划的官方认证体系支持，以更好地管控因贸易传入口蹄疫的风险。2012 年，FAO 和 OIE 联合发布《全球口蹄疫控制策略》，并将 PCP-FMD 纳入其中，PCP-FMD 阐述了分阶段渐进性控制口蹄疫的有关原则。OIE《兽医机构效能评估工具》(PVS) 可帮助成员评价其兽医体系是否满足其实施口蹄疫控制计划的需要。免疫是控制计划的重要组成部分，其作用在于降低口蹄疫造成的影响，阻断口蹄疫病毒循环，最终建立或维持口蹄疫无疫状态。

疫苗的合理选择和免疫方案的成功实施受多种因素影响，其中包括：

（ⅰ）病毒的多样性；

（ⅱ）疫苗的性能及不稳定性；

（ⅲ）易感动物种类和饲养方式；

（ⅳ）免疫目的；

（ⅴ）疫苗诱导免疫的短暂性；

（ⅵ）免疫计划的设计和实施。

此外，没有其他配套的控制措施，仅靠免疫接种不大可能成功控制口蹄疫。因此，必须对疫苗选择和免疫过程进行全程持续监视和评估，以确保其符合预计目标并为持续控制 FMD 发挥作用。本指南的目的在于对这一过程予以帮助。由于口蹄疫控制需根据各种情形的变化而采取不同的方法，本指南内容并非强制性要求，而是对既有的关于疫苗选择、免疫策略的各种方法进行综述，并给出了相关方法以验证一种潜在疫苗是否能够提供保护性免疫应答，以及实施的免疫计划是否能够将免疫应答转化为具有保护性的群体免疫力。

致 谢

本指南是经 OIE/FAO 口蹄疫参考实验室网络和其他 FMD 专家组反复讨论而制订的。这些专家分别是 Rossana Allende，Paul Barnett，Hernando Duque，何继军，刘湘涛，Eduardo Maradei，Antonio Mendes，Samia Metwally，Susanne Münstermann，Bramhadev Pattnaik，Claudia Perez，Ludovic Plee 和张强。随后由本书几位作者和专家组成的 FAO 和 OIE 专家小组帮助确定了本指南的范围和格式，这些专家包括 Kris de Clercq，Tim Doel，Phaedra Eblé，Mary Joy Gordoncillo，Cornelis van Maanen，Alasdair King，Mokganedi Mokopasetso 和 Keith Sumption。

目 录

前言
摘要
致谢

附录 ·· 54

简 介

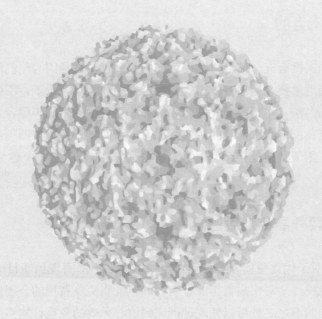

口蹄疫（FMD）是已知的最具传染性的病毒性疾病之一，对经济、社会和环境都具有潜在的巨大影响。口蹄疫是由微核糖核酸病毒科口蹄疫病毒属中的口蹄疫病毒引起的疫病。口蹄疫病毒（FMDV）有 7 种血清型，分别是 O、A、C、SAT1、SAT2、SAT3 和 Asia1 型。全球范围内，各地的口蹄疫控制和根除工作差异很大，有的国家已处于口蹄疫无疫状态或即将获得无疫的阶段，有的则尚在防控早期阶段。近来，PCP-FMD（15，38）获得了国际认可，为其他国家和地区控制口蹄疫提供了新动力（43）。免疫是防控口蹄疫最重要的措施之一。正在开展新的控制行动的国家，可能得益于本指南，优化其基于免疫的口蹄疫控制计划。依据当地情况和目的，可采用不同的免疫策略，如大规模免疫，针对畜群、区域或高风险地区的目标免疫，围绕疫情的环形免疫，以及在无疫区外的缓冲区或保护区的免疫等。免疫有效性往往受多重因素影响而存在较大差异，有时甚至是非常差，所以要对免疫方案和程序持续进行监测以发现不足，确保防控效果持续有效。

本指南目的

许多国家没有充分监测口蹄疫免疫的效果，也许是因为他们没有意识到这项工作是何等重要，但通常是因为在特定目标和需求背景下，不确定开展此项工作的最佳办法。本指南旨在阐明和解释该过程中的不同步骤，并协助各国评估其口蹄疫免疫方案和计划的绩效情况。本指南主要针对牛的免疫，但其原理和方法也适用于其他反刍动物和猪。本指南的目的在下文中称为免疫后监测（PVM）。

为何要开展免疫后监测？

PVM 对于优化免疫方案和计划，利用有限资源实现预期目标是非常必要的。证明免疫计划对疾病负担的影响有助于证明免疫费用的合理性，同时查明免疫计划中的不足之处可以使改进措施到位。无效的免疫计划不仅会浪费大量的公共财政和私人资本，也会使养殖者和其他畜牧业利益相关方对口蹄疫控制前景感到悲观。因此，对于那些实施基于免疫的口蹄疫控制策略（处于 PCP-

FMD 第 2～3 阶段）的国家，免疫计划和群体免疫水平监视是其监测系统的重要组成部分。对于那些寻求获得 OIE 国家口蹄疫控制计划支持或全国（区域）免疫无疫状态（PCP-FMD 第 3 阶段及以上）认证的国家，PVM 是其申请的前提条件。PVM 还可促进高质量疫苗的研发、生产和使用。

本指南描述

本指南由一个专家小组编写，旨在为终端用户提供有关如何将 PVM 整合为免疫计划一部分的实用指南。尽管如此，指南也力求在理论和实践之间取得平衡，因此所描述的一般原则可以帮助读者使特定的方法适用于当地的一些普遍情况，而这些情况并不都是可以描述或预期的。指南也尝试将 PVM 的适用范围设置的更广些，以满足处于 PCP-FMD 不同阶段国家的 PVM 需求。

表 Ⅰ 概述了本指南各章的目的及要点。第 1 章介绍了有关口蹄疫疫苗的主要基础信息，以及疫苗厂商需满足的条件。第 2 章介绍了在 PCP-FMD 各阶段，免疫计划应实现的可能目标。第 3 章介绍了确定免疫前后动物个体、畜群和总群的免疫应答水平的实用方法；描述了当疫苗质量不完全已知或者尚未完全建立或验证针对疫苗毒株的保护力和抗体滴度之间的相关性时，如何克服在评估和解释免疫应答中遇到的困难。群体免疫力的评估与反映口蹄疫控制进展阶段的不同免疫计划的目标有关，这些目标分别为：（ⅰ）降低临床发病率，（ⅱ）阻断病毒循环，（ⅲ）维持无口蹄疫状态，或者（ⅳ）恢复无口蹄疫状态。表 Ⅱ 总结了 PVM 的核心要素。附录 1 和附录 2 提供了有关第 2 章和第 3 章中描述的主要方法的更详细资料。第 4 章简述了在 FMD 控制方面监测免疫效果的备选方案，如降低疾病和/或感染的发生率，或证明没有疾病或感染。这些结果也将取决于疫苗接种以外的其他控制措施，但是对口蹄疫控制总体进展各步骤的全面评估不是本指南的内容。

表 I 按章节概述免疫后监测的组成部分

问题	第 1 章 口蹄疫疫苗性质	第 2 章 免疫计划的目标、疫苗分配、免疫时间表和疫苗覆盖率	第 3 章 免疫后抗体应答	第 4 章 结果
介绍了什么？	如何购买合适的疫苗	成功实施免疫计划需考虑的因素	如何在购买前、后检测疫苗；如何评估在免疫计划是否对目标群提供了足够的免疫保护	衡量免疫接种在减少发病或降低病毒循环水平方面的有效性
监测：对指标（和目标）进行验证的方法	质量文件（每批），包括保质期和预计的免疫保护期；效力（每批，r 值（每株）；疫苗纯度（每批）	疫苗附带的温度卡；免疫记录卡；免疫登记簿；疫苗发货和管理进展；不同年龄段免疫动物的比例	免疫后的"保护"水平，按每个流行病学单元中具有足够数量保护性抗体的动物的比例来定义	口蹄疫临床发病次数；根据血清学调查得出的病毒循环水平（动物、流行病学单元）；与未免疫动物相比，发生疫情时免疫动物没有出现口蹄疫临床症状的比例
频率	每批	持续监测	如第 3 章所述、特定时间间隔	在单位时间或较长时间内持续监测

r 值：疫苗病毒和野毒之间抗原匹配的血清学测量。

4

表 II　疫苗接种后免疫力监测概述，如第 3 章所述

部分	研究类型	研究论据				设计	
		目的	结果	例子	目标动物	样本量	采样日期
3.3	疫苗质量的独立评估	在购买疫苗之前，确认选择并校准血清学试验	获取关于疫苗后（加强免疫或不加强）结构蛋白抗体应答水平的信息	一个国家购买以前未使用过的疫苗，供应商不能完全保证疫苗质量	个体动物 6～9 月龄的免疫牛 无 NSP 抗体	每批 12 头犊牛：5 头犊牛，单剂量免疫；5 头犊牛，加强剂量免疫；2 头对照牛（不进行免疫）	第 0、5、14、28 和 56 天 检测 SP 抗体（免疫应答）和 NSP 抗体（排除研究之前和研究期间感染）
3.4	野外条件下接种疫苗后的免疫应答评价	在免疫活动开始时，对免疫应答进行基准测试	更准确地估计免疫后出现特定滴度 SP 抗体动物的比例和免疫力持续时间 估计免疫后出现 NSP 抗体动物的比例	在免疫期间，校准免疫后的预期保护水平和 NSP 检测特异性	个体动物 6～12 月龄的免疫牛 无 NSP 抗体 来自不同的流行病学单元，如来自同一个流行病学单元的动物不超过 5 只	样本量计算的输入参数：估计产生抗体滴度动物的比例：85% 允许误差：5% 置信水平：95% 55 只研究动物	第 0（接种日期），28、56 和 168 天以后 检测 SP 抗体（免疫应答）和 NSP 抗体（排除研究之前和研究期间感染）

（续）

部分	研究类型	研究论据			目标动物	设计	
		目的	结果	例子		样本量	采样日期
		在任何时间点，评估动物的免疫力水平（由于免疫或由于免疫或感染）	具有足够免疫诱导的导和/或感染诱导的免疫力的动物比例	与免疫计划影响有关的随时间变化的免疫力水平的监测方法	个体动物 不考虑免疫状况 根据年龄对牛分组： （0～6月龄） 6～12月龄 13～24月龄 24月龄以上	一般指标为：每个流行病学单元每一年龄组10只动物，27个流行病学单元	任何时间 记录每个动物的免疫史 检测SP和NSP，同上
3.5	群体水平免疫力评估	在任何时间点，评估流行病学单元的免疫力水平（由于免疫或感染）	未充分免疫（NAVEU）和/或感染后未充分获得免疫力的流行病学单元比例	研究设计可应用于PCP-FMD的4个阶段	流行病学单元 不考虑免疫状况 随机选择流行病学单元 随机选择流行病学单元中的牛 在流行病学情形2和3中，年龄分类为： 6～12月龄 13～24月龄		任何时间 记录每个流行病学单元的流行病学史 检测SP和NSP，同上

SP抗体：针对FMDV结构蛋白的抗体（通过疫苗接种或感染引发，具有保护性和血清型特异性）；
NSP抗体：针对FMDV非结构蛋白的抗体（不具有保护性和非血清型特异性，由感染或使用未纯化的疫苗引起）。

实施本指南时需要哪些人员参与？

国家级决策者应制订 PVM 目标，并分配与 PVM 活动有关的资源。流行病学家和统计学家选择和设计适合其国家目标的适当方法，然后进行数据分析。田间兽医、非政府组织（NGOs）和动物卫生工作者采集样本进行数据分析。兽医诊断实验室的专家共享有关 PVM 血清学试验性能的信息，进行诊断分析并参与血清学检测结果的解释。应向世界动物卫生组织（OIE）和联合国粮食及农业组织（粮农组织，FAO）的口蹄疫参考实验室和协作中心寻求关于 PVM 的其他建议：

- www. wrlfmd. org / ref _ labs / ref _ lab _ reports / OIE-FAOFMD Ref Lab Network Report2013. pdf
- www. fao. org / ag / againfo / partners / en / ref _ centres. htm.

该指南什么时候有用？

- 在决定实施免疫计划之后。
- 制订免疫计划时。
- 正在开展免疫活动时。
- 免疫后，将要监测和评估疫苗的有效性时。

加强兽医机构以实施免疫后监测的重要性

疫病控制是国家兽医机构的首要职责，口蹄疫 PVM 的成功实施是监测疫病控制的重要手段。在 OIE《陆生动物卫生法典》（《陆生法典》）中，兽医机构被定义为实施动物卫生和动物福利措施以及《陆生法典》规定的其他标准和建议的政府和非政府组织。

这包括相关的公共和私营组织，以及获得兽医主管部门认可和批准的履行其指定职能的兽医和兽医辅助人员。兽医主管部门必须得到适当立法的支持，负责并有能力确保或监督在整个成员管辖范围内实施上述动物卫生和福利措施、国际兽医认证以及《陆生法典》规定的其他标准和建议。

对于本指南中描述的所有过程，兽医机构的质量和良好管理为有责任的公共机构或经授权认可的私营部门实施 PVM 方法提供了有利环境。

世界动物卫生组织有若干工具和活动，用于支持成员达到规定的兽医机构质量标准。这包括：兽医机构效能评估（PVS）途径，用以识别和提升已确定的 47 个关键能力；以及与之相关的兽医实验室、兽医教育机构和兽医法定机构的结对计划。附录 3 提供了有关 PVS 途径的更多详细信息。

第 1 章

疫苗性质

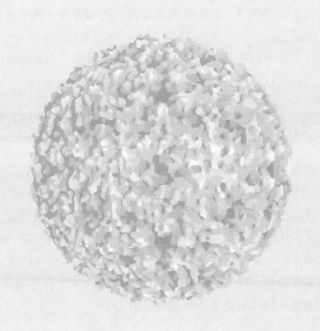

1.1 引言

FMD 疫苗可以含有 FMDV 的多种血清型和多个毒株，而且疫苗的质量差异很大。根据疫苗的质量和毒株组成来选择合适的疫苗是成功完成疫苗接种计划的前提，否则，所有其他努力都将徒劳无功。

不同国家的监管机构已建立了各种体系来确保疫苗质量。尽管这些系统的最终目的相似，但它们在控制生产过程和测试最终产品方面的侧重点可能有所不同。如有可能，应按照良好生产规范（GMP）生产疫苗。但是，由于 GMP 既未被生产商普遍采用，也未得到令人满意的监管，甚至它也不是所有国家主管部门的要求，因此在缺乏可靠 GMP 系统的情况下，建议 FMD 疫苗的生产和检测必须符合 OIE《陆生动物诊断试验和疫苗手册》（44）第 1.1.6 章（兽用疫苗生产原则）和第 2.1.5 章（口蹄疫疫苗）的标准，以及符合药典相关国家标准[①]。

疫苗株的选择应基于对贸易威胁和区域循环病毒的了解，也可以从区域和国际参考实验室寻求建议。定期收集本地循环的病毒株并提交给参考实验室可提供最权威的信息。

假设选择了正确的疫苗株，则应监测疫苗的质量。本章的目的是为选择质量和特异性合适的口蹄疫疫苗提供指导。

1.2 疫苗种类

口蹄疫病毒通常在幼年仓鼠肾（BHK）细胞中繁殖，并通过过滤或离心去除细胞碎片来澄清病毒悬液；然后使用二乙烯亚胺（BEI）等化学药品按照一级动力学灭活澄清后的病毒。灭活后，病毒抗原可以通过沉淀、超滤或两者结合的方式进行浓缩，但也可以不经进一步处理直接配制疫苗。这些浓缩过程减少了非结构蛋白（NSP）含量，也纯化了抗原。使用纯化的疫苗有助于区分感染动物与免疫动物（DIVA）。病毒抗原的浓缩和纯化会导致抗原量的损失，这可能需要调整，具体取决于所需的疫苗效力。

---

① FMD 疫苗生产和检测的国家标准可能对疫苗生产商或计划使用该疫苗的国家具有法律约束力。如果这些标准与 OIE 标准不完全相同或优于 OIE 标准，则应尽可能使用 OIE 标准。

根据佐剂的类型，疫苗可以是水相或油佐剂形式。FMD 水相疫苗是用氢氧化铝凝胶和皂苷作为佐剂配制而成。就油佐剂苗而言，有两种类型：单乳剂，油包水型（W/O）；以及水包油型（W/O/W），也称为双油乳液（DOE）。水相疫苗通常用于牛、绵羊、山羊和水牛，但对猪无效。油佐剂疫苗可用于所有类别动物。例如，在南美，W/O 疫苗常用于牛；在亚洲，W/O/W 疫苗常用于猪。

1.3　疫苗匹配和疫苗毒株选择标准

《陆生手册》第 2.1.5 章（44）介绍了选择 FMD 疫苗株的原理和可用方法，而 Paton 等的综述提供了有关此主题的更多详细信息。由于 FMDV 诱导产生的免疫保护具有血清型特异性，甚至在同一血清型内，毒株之间的交叉保护也可能是不完全的。因此，选择包含一种或多种毒株的疫苗是其目的，这类疫苗能够针对一种或多种流行毒株对动物提供保护。

理想的疫苗将针对多种威胁提供广泛的保护。某些血清型的抗原变异程度高于其他血清型。是否可以诱导保护性免疫水平将取决于 3 个主要的独立变量因素：

（ⅰ）疫苗效力；

（ⅱ）疫苗株和野毒株之间的抗原匹配；

（ⅲ）疫苗接种时间（31）。

例如，高效疫苗可针对不同毒株提供交叉保护，并在单剂接种后提供相对持久的免疫力。相反，低效疫苗诱导提供的抗原谱狭窄且保护期短暂，但是，如果在首次免疫一个月后进行第二轮疫苗接种，抗体的增强将有助于提供更广泛和持久的保护。病毒威胁的严重程度也可能因养殖体系和易感牲畜的密度而异。

1.4　疫苗质量

在使用疫苗的口蹄疫控制计划中，疫苗的质量以及正确选择毒株至关重要。疫苗生产商必须遵循规定的标准（如《陆生手册》第 2.1.5 章）来保证疫苗质量。下文总结了《陆生手册》规定的在生产过程中应遵循的步骤。

1.4.1 生产过程要求

1.4.1.1 种毒管理

种毒的特性和来源应已知，因此应从可靠的来源（如世界参考实验室或FAO/OIE参考实验室）获得种毒。原始种毒（MSV）必须是纯化的，并且证明不含外源因子。

如果出现了与现有疫苗匹配性差且传播可能性高的新毒株，则可以用代表性的野外分离株研发新的疫苗株。当全面测试尚未完成时，可以在紧急情况下授权其在田间使用，但需要进行严格的风险评估，例如，新MSV抗原外源病原污染可能性的风险评估。

1.4.1.2 生产方法

应记录采用大规模悬浮培养物或单层细胞培养生产抗原的病毒增殖过程，包括病毒的灭活过程、病毒浓缩、纯化以及与佐剂和防腐剂混合的油佐剂或水相疫苗的最终配方。

整个生产过程的关键控制点如下：

1.4.1.3 过程控制

a）应通过接种易感细胞并测量其感染性来定期衡量灭活过程的速率和线性水平，直到每万升液体中感染粒子低于1个。

b）应对每批抗原进行无毒检测，并在敏感的单层细胞培养物中传代，以检测是否有残留的活病毒。

1.4.1.4 终产品检验

在没有可验证的GMP的情况下，生产商应按以下标准对每批疫苗的终产品进行检测。

a）无菌

批量灭活抗原、浓缩抗原和终产品需要检查是否被微生物污染。

b）特性测试

证明终产品中仅包含最初选择的毒株。

c）病毒非结构蛋白检测

声称已净化NSPs的疫苗必须证明其不会诱导产生针对NSPs的抗体。

d）安全性

终产品必须在动物上进行测试，以证明14天内没有局部和全身反应，除非注册文件中已证明和批准该产品具有一致的安全性。

e）效力检验

检验终产品效力的标准是攻毒保护试验。但是，对于批次放行检验，只要血清滴度和保护率之间建立了相关性，就可以用间接血清学试验，如酶联免疫吸附试验（ELISA）或病毒中和试验（VNT），来计算预期保护率（EPP）或其他评价系统。

1.4.2 疫苗注册过程要求

假设生产商在生产过程中充分开展了所有这些质量保证检测，则需要准备一份档案，用于监管部门进行疫苗注册，该档案包括以下质量属性的文件。

1.4.2.1 制造过程

详情见本书第 1.4.1.1～1.4.1.4 部分描述的步骤。

1.4.2.2 靶动物安全性

每个试验批次疫苗必须采用单剂量或重复剂量并按照推荐的免疫途径在每种靶动物上进行体内试验。试验疫苗应包含最大允许有效载荷，并应作为首次免疫过程（通常是两次注射，间隔一个月）进行接种。接种疫苗后 14 天内观察动物的局部或全身反应。

1.4.2.3 效力

由于毒株的免疫原性不同，因而应证明每个疫苗株均能产生所需的效力。用世界参考实验室或其他 FAO/OIE 参考实验室提供的 FMD 参考毒株对免疫动物进行攻毒试验，对疫苗效力进行检测。

牛的攻毒试验常用方案是 PD_{50}（50％保护剂量）试验或 PGP（抗蹄部泛发性感染）试验。

1.4.2.4 非结构蛋白抗体的纯度检测

如果疫苗生产商声称要生产纯化的疫苗，则应对试验批次疫苗进行体内试验，以证明其不诱导产生 NSPs 抗体。

1.4.2.5 免疫期（DOI）

DOI 依赖于疫苗的效力。应通过在生产商声明的保护期结束时进行第1.4.2.3 部分（效力）中所述的攻毒试验或替代试验来证明 DOI。生产商应在注册文件中注明首次接种的建议年龄和后续接种时间表。

1.4.2.6 稳定性

作为注册文件的一部分，生产商需要在要求的保质期结束时证明疫苗性能的稳定性，例如，持续保持的最低效力。如果疫苗的质量会受到冷冻或环境温度的影响，则应说明储存温度并给出警告。

1.5 购买疫苗注意事项

如果免疫是政府FMD控制计划的一部分，那么应由相关部门颁发疫苗许可并对其使用进行监管。口蹄疫疫苗应从一家或多家有信誉的生产商那里购买，这些生产商应根据《陆生手册》第1.1.6和2.1.5章中规定或被认为等同于这些标准的国家标准来生产疫苗。在购买口蹄疫疫苗之前，应要求生产商提供有关其产品的信息档案，以帮助选择最适合该免疫计划的供应商和疫苗。如果生产商提供的信息或现场使用疫苗的经验使人们对疫苗的绝对或相对适用性产生了怀疑，则可以对疫苗进行独立测试，而不用考虑疫苗生产商的声明。测试方法是对一组靶动物进行免疫，然后使用间接血清学方法（参见3.4）检测诱导产生的保护性免疫，必要时还可进行直接攻毒试验。如果重复订购疫苗，则可以从已经免疫过前一批疫苗的动物中采集血清学样品。

1.5.1 通过招标程序购买疫苗

在许多情况下，购买疫苗可能需要进行招标。尤其是在需要用国家预算或通过捐赠机构购买大量疫苗时（4）通常需要招标。

招标书应包括以下信息，以使生产商能够提供合格的投标文件：

a）招标人提供的信息：

-疫苗中包含的毒株；

-免疫靶动物；

-需要的剂量数；

-每头份的体积和每瓶的剂量数；

-首选佐剂的性质和疫苗配方；

-有关标签的特殊要求（如大小、语言、注意事项）。

b）生产商提供的信息

一般要求：

-疫苗的生产过程以及最终批次和制成品的质量控制测试必须按照OIE标准（2014年《陆生手册》第1.1.6和2.1.5章）进行。

-疫苗必须在符合适当要求的设施中生产，并获得国家监管机构许可。

具体要求：

- 疫苗类型——疫苗的血清型和毒株（即多价疫苗）。
- 动物种类——口蹄疫疫苗必须批准在靶动物中使用。
- 数量——明确说明需要的剂量数和每瓶的剂量。
- 免疫途径——明确说明免疫途径。
- 佐剂——明确说明佐剂的类型（单油乳液、双油乳液或氢氧化铝和皂苷）。
- 效力——明确说明 PD_{50} 中的疫苗效力（通常为 3 个 PD_{50}）、免疫力产生时间（通常为 2 周）和免疫期（通常为 6 个月）。
- 稳定性——必须说明疫苗（制成品或批次）的保质期（通常至少 12 个月）。
- 参考血清——说明是否可以向招标人提供用于 PVM 血清学检测的参考疫苗株的同源血清。
- 推荐的疫苗接种时间表——双剂量首次免疫通常能获得 6 个月的保护。

投标档案应以所需语言提交，并必须提供上述所有要点的文件/证明，以及交货日期和港口、储存建议和有效期。

1.5.2 向招标人提供疫苗

疫苗必须运送到该国指定地点。疫苗容器应配备冷链监测装置。在收货之前，收货人应验证运输过程中在 2～8℃ 下连续冷藏，以保持疫苗的质量。

每批口蹄疫疫苗应随附该批次疫苗的专用文件，并由代表生产商的经过授权的、具有适当资格的专家签名，其中应包含第 1.5.1（b）部分所述的所有产品信息，以及：

-批次标识；

-生产日期；

-任何特定说明，如在使用前先摇匀；

-自行注射时的危险警告。

1.6 疫苗选择清单

-疫苗效力差异很大，因此价格并不是招标过程中的唯一相关因素。

-疫苗株和野毒株之间可能存在较大的抗原性差异，因此请从参考实验室获得有关毒株选择的建议。

　　－将近期疫情的样品发送到参考实验室进行病毒鉴定和疫苗匹配试验。

　　－从一个或多个信誉良好的供应商购买疫苗，并确保有独立的质量控制体系。

　　－检测购买前后的免疫应答水平（参见第3章）。

疫苗计划、运送、
免疫时间和覆盖率

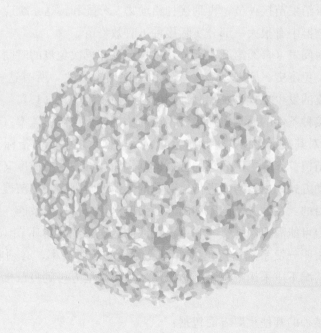

2.1 引言

针对传染性疾病（如口蹄疫）的免疫可能有几个目标（参阅第2.2部分）：

a）可用于减少感染后出现临床症状的动物数量，从而限制该病的经济影响（如幼畜死亡、产奶量减少、生长减缓和畜力降低）；

b）可用于逐步减少或阻断FMDV的循环，在这种情况下，免疫动物的比例应足够高，以减少目标群中病毒的传播链。

因此，疫苗接种可能是针对特定的畜群，如遭受疾病严重侵袭的奶牛或猪；或者是病毒持续存在和传播的企业，如易感动物密度很高或定期交易动物的企业。疫苗接种应作为更广泛的控制措施的一部分，后者包括疫情的检测和控制、动物及其产品移动控制和监测等。口蹄疫控制是一个长期过程，已在不同国家和地区成功实施了多年，并已经制定了关于不同方法的分阶段实施指南，即FMD渐进性控制计划（15，38）。

运送系统（参阅第2.3部分）可以定义为一系列事件，包括从疫苗分发到将疫苗分派给疫苗接种员，再到接种给动物。分配和输送系统应确保符合接种条件的动物群中有很大一部分实际接种了有效疫苗。

免疫时间表（参阅第2.4部分）是指免疫和再次免疫的时间，这与动物年龄和种类、免疫史、感染风险、季节和其他因素有关，所有这些都因养殖环境、口蹄疫的发生方式以及控制计划的目标而发生变化（16）。

符合接种条件的动物实际接种疫苗的比例称为疫苗覆盖率（参阅第2.5部分），可以对其进行监控并将其作为分配和输送系统性能的指标。控制口蹄疫所需的疫苗覆盖率取决于病毒的传播速度，而病毒的传播速度又取决于动物的饲养和移动方式，以及与病毒传播有关的其他风险因素。疫苗覆盖率的信息可用于多种目的：在地方、国家和国际层面监测免疫机构的效能；指导疾病控制活动；确定可能需要额外资源和重点关注的运送系统薄弱环节（7）。良好的疫苗覆盖率表明分发系统运行正常。为了衡量疫苗覆盖率，必须收集适当的数据，理想情况下应采用跟踪系统，以便从中央到地方再到疫苗接种者跟踪各批次的疫苗。

疫苗接种的其他重要方面包括：

a）有必要决定是否将部分或全部疫苗接种工作委托给养殖者，如果是，如何监督/监测其遵守了良好操作规范；

b）对疫苗接种员进行良好操作规范方面的培训，如疫苗的管理和注射、免疫动物和畜群的记录，以及往返于不同畜群和村庄之间时采取生物安全预防措施等。

2.2　免疫计划的目标

根据免疫计划的目标，四种主要的流行病学情境可以按下列四类（A～D）划分：

A）免疫以减少口蹄疫临床发病率——此类别中的国家或地区口蹄疫呈流行性，免疫计划的主要目标是减轻口蹄疫的临床发病负担。这类情况常见于 PCP-FMD 第 2 阶段的国家。

B）免疫以消除 FMDV 的循环——此类别中，国家或地区仍未达到无疫状态，但正朝着这一状态迈进。根据《陆生动物卫生法典》（《陆生法典》，2014）第 8.5.48 章规定，FMD 官方控制计划有可能获得 OIE 认可。免疫接种可能是整个控制计划的组成部分之一，可能还包括其他措施，如移动控制和扑杀。这类情况在 PCP-FMD 第 3 阶段的国家中可能是典型的。

C）免疫以维持无口蹄疫状态——根据《陆生法典》第 8.5.3 或 8.5.5 章规定，这些国家或地区已被认可为免疫无口蹄疫国家或地区，并消除了家畜中的 FMDV 循环。实施免疫是为了最大限度地降低从外部传入口蹄疫的风险。在 PCP-FMD 第 4 和第 5 阶段的国家中，这种情况可能是典型的。

D）免疫以恢复无口蹄疫状态——以前为免疫或非免疫无口蹄疫国家，曾传入口蹄疫，并按照《陆生法典》第 8.5.9 章规定恢复无疫状态。这类国家或地区最近再次传入疫情，并正在努力恢复其无疫状态。免疫作为一项紧急措施，以恢复无口蹄疫状态，其结果与 B 类国家相似。如果疫情得到快速控制，则可能不需要实施免疫。这种情况可能出现在 PCP-FMD 第 5 阶段的国家或未实施 PCP-FMD 且被认可为非免疫无口蹄疫的国家中。

显然，免疫的目标、程度和持续时间将决定实施 PVM 的目标群和源种群。

2.3　疫苗运送

2.3.1　包装

疫苗应放在小瓶中，并在可调节温度的容器中运输。包装插页应使用接收国的语言。这些材料必须与客户共同准备和签署，以便生产商可以将插页进行打包，并与原复印件进行交叉检查。

2.3.2 冷链和物流管理

这指的是劳力、政策、程序、车辆、燃料和设备系统，这些系统协同工作，以确保给牲畜接种的疫苗是有效的。由于疫苗具有特定的温度要求（2～8℃），因此有效的冷链和物流管理系统可防止从生产到使用环节过热和过冷对疫苗造成的损害。从离开生产设施到疫苗使用期间，在疫苗的储存、运输和搬运过程中应遵守温度要求。在运输过程中必须监控温度，并将疫苗保存在推荐的温度范围内。这可以通过使用监视卡或生产商插入的类似设备来实现。从生产到交付，都需要验证疫苗持续存储于合适的温度下。如果正确存放，至少在生产商指定的有效期内，疫苗效力应是可以接受的。但是，尽快使用配制疫苗是很好的做法，因为即使保持最佳条件，疫苗的质量在储存过程中也会逐渐下降。

2.4　免疫时间

需免疫动物的种类取决于免疫活动的目的。由于动物密度、养殖方式、动物接触结构、移动方式（4）以及 FMD 流行毒株的宿主特异性等不同，不同易感动物在疾病维持和传播中的作用也是不同的。

口蹄疫疫苗能提供相对短暂的保护。如果使用的高效疫苗能够提供快速的短期紧急保护，可能就不需要再次接种了（即单次免疫就足够了）。然而，在口蹄疫风险持续存在的地区，预防需要反复接种疫苗，以维持保护性免疫水平，并且所选择的免疫时间表必须考虑后勤便利性（例如，动物圈养比放牧时更容易接种疫苗）、高风险时期的出现（例如，动物移动或混养时）以及早期免疫产生的免疫期（39）。此外，免疫群体的结构和动态也将影响最佳疫苗接种时间的选择，以便随着时间的推移保持较高的免疫水平（28）。

保护性免疫的持续时间应由生产商指定，但可能会受到疫苗效价、疫苗匹配性以及免疫和感染产生的前期免疫力的影响。因此，不能规定固定的再次免疫间隔时间，间隔时间可能为初次免疫后 4～12 个月。在许多养殖体系中，动物的周转率很高，每年都有大量的幼畜进入畜群。一旦这些幼畜失去母源抗体，它们就极易受到感染，成为疫苗接种的关键靶动物。至少间隔一个月的两次免疫，提供了最佳的基础免疫。第二次免疫显著增强了抗体应答、抗原保护的广度和此后的免疫持续时间（35）。下一次免疫通常在 6 个月后进行，但依据疫苗的质量和风险程度，有可能将随后的再次免疫时间间隔延长至 1 年。应查阅生产商的注册资料，以确认怀孕动物使用疫苗的安全性。新生动物可以在出生后 2 周进行免疫，但是来自免疫母畜初乳中的母源抗体可能会干扰免疫诱导的主动免疫，母源抗体持续时间在牛中长达 5 个月，在猪中长达 2 个月（24、32）。因此，对免疫水平高的群体进行预防性免疫时，首次免疫时间可能会推迟，猪至少到 2～3 月龄、牛至少到 4～6 月龄。但是，由于母源抗体水平差异很大，因此即使在免疫群体中，也仅有部分动物可能产生免疫力。此外在实践中，在辽阔的牧场中，产犊季节可能会持续 6 个月或更长时间，每年聚集动物的次数可能不会超过 2 次或 3 次。因此，最好的办法是对所有年龄段的动物都进行预防接种。紧急免疫时也是如此（11）。

如果 FMD 具有已知的季节性模式，则应在高危期来临之前 3 个月开始接种疫苗。在其他高风险活动（例如，移动和混群）之前进行补免也是一种好的做法，并且需要考虑到接种疫苗与产生保护力之间的时间差，包括需要加强免疫。首次免疫后至少 10 天、加强免疫后至少 5 天才能产生免疫力。反刍动物的疫苗接种通常主要在固定的时间段（如春季和秋季）进行，但在大型猪群中，疫苗接种必须在半连续基础上进行，并且更有可能委托给养殖户。

需要一种简单的方法来确定首次免疫的最佳时间间隔。例如，如果目标是确保动物在 3～7 月龄时进行免疫，那么应每 4 个月对新生动物进行一次免疫（即符合首次免疫的最大和最小年龄之差）。在本指南的其他示例中，假设首次接种的最小年龄为 6 个月，最大接种年龄为 12 个月（然后每 6 个月一次）。这符合每 6 个月对动物进行再次免疫的模式。

2.5　疫苗覆盖率

疫苗覆盖率通常是指要求免疫的动物中实际接种疫苗的动物比例，计算出的数据可以用作运送系统运行情况的指标。但是，它也可以有不同的含义，即接种疫苗的动物在整个易感群体中所占的比例。弄清楚使用的定义和分母是至关重要的。符合免疫的群体与总畜群之间的差异将取决于疫苗接种的时间安排以及目标免疫群体的结构（和动态），这些外在因素对免疫计划的有效性产生重要影响，与疫苗本身提供的保护等内在因素相辅相成。

阻止口蹄疫病毒在畜群内传播所必需的覆盖率取决于在完全易感畜群内一个病例在其传染期间平均产生的病例数（基本再生数，R_0）。如果畜群中一定比例的动物进行了免疫，则病毒在这些动物中的传播可能会被阻断，且净再生率（R_n）将会下降。如果将其降低到每只感染动物平均感染少于一只新动物的水平（$R_n < 1$），那么随着时间的流逝，被感染动物的比例将趋于下降，最终导致病毒根除。产生免疫力动物的比例取决于疫苗的覆盖率和保护效果。先前感染的动物也将获得免疫力。附录1提供了覆盖率与阻止病毒传播之间关系的示例。如果存在有利于群间传播率高的条件（如畜群密度高、移动不受控制），那么仅通过疫苗接种可能无法控制病毒在畜群间传播。这就是为什么疫苗接种应始终与其他限制动物间传播的控制措施结合使用的原因，且使用能够产生高保护水平的高质量、匹配性良好的疫苗至关重要。

为了计算疫苗覆盖率，数据的可靠性和可用性至关重要，因此有必要建立一个简单的信息系统。

疫苗覆盖率可以根据疫苗接种卡的记录和当地配送中心提供的批次和剂量登记簿（附录1）中的记录进行评估。

上一轮免疫后符合接种条件动物的疫苗覆盖率可通过以下公式计算：

（已接种动物的数量/符合接种条件动物的数量）×100

其中"已接种动物的数量"是分子，而"符合接种条件动物的数量"是分母。

如果要计算整个易感畜群的免疫覆盖率，则该比例的分母必须替换为易感动物的数量，并变为：

（已接种动物的数量/畜群中易感动物的数量）×100

有几种方法可以获取估计疫苗覆盖率所需的信息（7）。尽管获得可靠详细的数据需要大量的投资和努力，但有时还是可以使用简单的方法。详细的数据有助于更好地调查疫苗覆盖率的差距（如评估不同地理或行政单位以及各年龄类别的覆盖率），也可以识别出保护不足的动物亚群。

分母应反映经过仔细定义的目标群，即符合疫苗接种条件的畜群或总易感畜群。如果分母估计不正确，那么覆盖率估计也将不正确。在拥有国家动物数据库并且对动物进行个体标识的国家中，获得该数字可能相对简单。在没有相应数据库的国家中，或许可以获得牲畜普查数据。如果不能获得，可能需要进行调查来估计该数字。此外，也可以在接种疫苗时评估符合疫苗接种条件和不符合疫苗接种条件的动物的实际数量，但事先需要一些初步的信息来确定免疫计划涉及的分中心分配的疫苗剂量数。

实际免疫的动物数量（分子）的信息也可以从多种渠道获得。

口蹄疫免疫覆盖率通常用发放的疫苗剂量数（即发送到疫苗接种中心的剂量数）除以估计的畜群数量来描述（**分发方法**）。尽管易于执行，但分发方法有局限性，并且为了获得可靠的估计，至关重要的是（ⅰ）准确编制批次和剂量的登记簿，以及（ⅱ）准确估计目标免疫群体数量。如果没有当地疫苗的配送统计数据，则可能无法识别出覆盖率较低的分区。如果记录仅描述了哪个村庄、农场或地区接种了疫苗，而没有描述有多少动物接种了疫苗，就可能不准确，因为并不是一个单元内的所有动物都可以接种疫苗，尤其是在庭院养殖情况下。如果疫苗是通过不同来源（如公共部门和私营部门）提供的，则将二者都包括在分子中非常重要。

注射方法与分发方法相同，不同之处在于使用的是田间给动物注射的剂量记录，而不是分发给疫苗接种中心的剂量。也可以记录单个动物的免疫史；这可以计算特定时间段内免疫的动物比例或动物在其一生中接种的剂量数量。这需要出色的数据记录和管理能力。

应定期监测和核实疫苗覆盖率。如何持续记录和分析免疫数据的详细例子见附录 2。结合群体免疫力研究中获得的信息（特别是接种疫苗群体免疫力研究的信息），应每年至少对总体进展进行 1 次评估（参阅 3.5）。

2.6 实施疫苗接种清单

-如果可行，先进行小规模免疫，随着经验的成熟而制订计划。

-建立明确的目标和指标。

-确定要免疫的动物种类和群体。

-确定何时进行疫苗接种和加强免疫。

-确定谁将开展免疫并建立监督系统。

-为购买疫苗、免疫及监测获取足够的资金。

-采购足够数量的预防用疫苗和应急物资。

-建立配送中心和冷链系统。

-建立免疫登记系统，以评估覆盖率。

-建立疫苗监测小组。

第 3 章

免疫应答评估

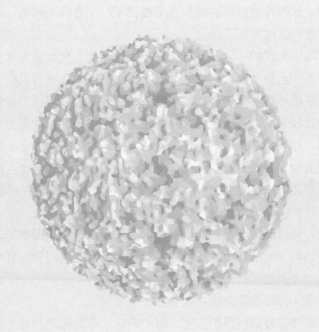

3.1 引言

估计免疫目标群的免疫力是免疫后监测（PVM）的核心，因为它是免疫执行得如何以及是否可能抵抗感染的关键指标。但是，为了阐述群体免疫力的田间研究结果，需要了解所用疫苗的血清学反应，以及这些反应与预防疾病和病毒传播之间的关系。评价疫苗接种后的免疫应答也是选择疫苗的重要手段。因此，本章介绍了 PVM 血清学的选择和解释原则，以及在购买疫苗和广泛使用前后免疫力的评估方案。表Ⅱ概述了评估免疫力所涉及的问题和建议的方法。

口蹄疫疫苗可诱导针对构成病毒外壳或衣壳的病毒结构蛋白（SP）的抗体反应，因此血清学试验可用于识别未感染畜群中的免疫动物。这些抗体水平和疫苗诱导保护之间也存在相关性，并且有可能在单个动物中建立等同于特定保护水平的抗体阈值（36）。然而，这一阈值因疫苗、血清学试验以及免疫后的时间而变化（40）。对于特定的疫苗和血清学试验，阈值可以通过在效力检验中比较疫苗诱导的血清学反应与疫苗诱导的对活病毒攻毒动物的保护率来确定（3，37）。这为评估畜群的保护水平提供了一个合理的阈值，即使野毒与效力检验中攻毒的强度可能不同。

若抗体滴度和保护率之间没有已知相关性，那么免疫血清学反应仍然可以用于选择疫苗和监控免疫计划。例如，可以对疫苗质量进行粗略评估，以确保有关疫苗能够诱导抗体反应，而替代疫苗相对效力可以根据它们诱导抗体的相对水平进行比较。从这类试验中获得的血清也可以用来校准对更多免疫群体的检测，例如，监测疫苗批次的变化或冷链不足导致的抗体水平下降。同样，监测群体免疫力时，即使血清学和保护率之间的相关性未知，也可以用血清学来比较不同亚群之间的免疫力差异（如不同年龄动物间），或者比较不同区域疫苗配送的有效性。

实际上，对口蹄疫来说，确定抗体的保护滴度是相当困难的，因为这受到许多变量的影响（疫苗类型、测量血清学反应试验的类型和重复性、需要保护的病毒株、攻毒强度等）。

可以考虑 3 种可能的方法：

（1）对于特定疫苗的保护滴度，需要确定攻毒的病毒和检测试验，允许对免疫动物进行检测，并将其分类为受保护或不受保护的动物；

（2）该滴度不是明确的，但可以通过疫苗毒和野毒的相关知识，并结合适

当毒株和标准的血清学试验的效能来进行估计;

(3) 如果缺乏关于血清学结果和保护率之间相关性的信息,对血清学反应的解释仅限于确定有多大比例的动物具有与成功接种疫苗一致的抗体反应(即达到预期的免疫力目标)。

生产商应保证每批口蹄疫疫苗的质量、安全性和效力(如 2014 年《陆生手册》C 部分第 2.1.5 章所述)。然而,独立于生产商的疫苗评估可以为疫苗质量和毒株匹配性提供额外的保证。疫苗评估也可以表明动物免疫后在一定时期内的预期抗体水平,并使用特定试验方法进行检测。理想情况下,这种评估应在疫苗广泛使用之前进行,比较不同生产商的疫苗有助于选择合适的生产商(21,22)。第 3.3 部分介绍了一种使用少量动物的简单方法。

此外,特定免疫动物群的血清学反应也是值得研究的,这可以在同一批疫苗广泛应用的同时或之前进行。第 3.4 部分描述的方法需要大量的动物,因此能够更准确地估计所用批次疫苗的预期结构蛋白(SP)抗体反应。该方法也可以通过估计具有可检测的 NSP 抗体反应的动物比例来测试疫苗纯度,这是用少量动物无法做到的。当通过检测 NSP 来监测免疫畜群的感染证据时,这也可以提供预期的特异性信息。

图 1 给出了初步评估疫苗免疫应答的一些考虑因素和方法。

在确定所使用的疫苗可引起足够的抗体反应、描述了其性质和持续时间并选择适当的检测方法后,必须监测目标群对免疫接种的反应,以确定其是否确实获得了预期的免疫力水平。这是 PVM 的主要组成部分。考虑到动物密度高的地区和动物移动不受管制的地区需要更高的疫苗诱导保护水平,以阻止临床疾病的出现和口蹄疫病毒传播等,在个体和畜群水平上设定的群体免疫力目标应反映所需的保护程度。此外,如前所述,目标群的结构和动力学可能会影响预期的免疫力水平。

许多不同的方法可以用来对代表性的动物和群体进行抽样和监测。可以采用屠宰场调查来获取用于此类评估的血样,但通常需要更系统的选择,第 3.5 部分描述了这样做的可能方法。

3.2 血清学试验在免疫后监测中的应用

3.2.1 结构蛋白抗体应答

检测病毒结构蛋白抗体的血清学试验(SP 试验)适用于测量免疫诱导的

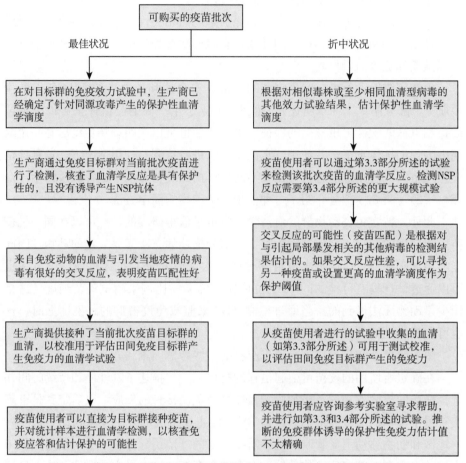

图1 疫苗批次独立检测和免疫后监测血清学试验校准的考虑因素和方法

保护性抗体应答。这些试验包括病毒中和试验（VNT）和液相阻断ELISA（LPBE）(44)。VNT的一个优点是可以容易地整合不同病毒株，检测这些毒株与疫苗株或攻毒株是否同源（表Ⅲ）。对于LPBE，整合不同检测病毒的过程更为复杂，因为该试验既需要制备针对一种或多种病毒株的抗原，也需要制备针对所选病毒株的高免兔和豚鼠抗血清或单克隆抗体。新的检测方法，如固相竞争ELISA（SPCE）(9, 29)和其他基于单克隆抗体的ELISA(6)可能在重复性和更广泛的交叉特异性方面具有优势，但可能缺乏数据来显示它们与保护性的相关性。就易用性而言，VNT需要在高级生物防护设施中进行，很费力且需要训练有素的工作人员。ELISA检测可以在一个简单的平台上进行，可检测大量样本，并且不需要对其使用进行广泛的培训。

表Ⅲ 抗原差异对血清学检测结果的影响

整合不同病毒株的检测	疫苗或野毒感染诱导的抗体检测敏感性	
	疫苗或野毒感染 A1	疫苗或野毒感染 A2
FMDV A1	+++	+
FMDV A2	+	+++
FMDV A3（举例）	++	+

因此，建立完全有效和可重复的疫苗血清学评估方法需要付出巨大努力，特别是如果涉及大量不同的疫苗和野毒株时（表Ⅳ）。尽管如此，开展口蹄疫控制的国家，即使疫苗选择和检测能力不是最优的，且供应商提供的疫苗适用性证据也有限，但这些国家开展血清学评估仍然是有用的，虽然不那么精确。

表Ⅳ 可能影响血清学结果可靠性的变量因素和需要考虑的可能控制措施

变量因素	控制措施
动物免疫应答的变异性	在评估疫苗反应和设定解释血清学结果的阈值水平的研究中应包括足够的动物
特定实验室内和开展类似检测的实验室之间血清学检测结果的变异性	通过纳入参考血清来标准化检测方法，并参加实验室间的能力验证
由于检测中所用的特定病毒株和抗体试剂的抗原特异性不同，导致血清学检测结果的变异性（表Ⅲ）	选择适合相关疫苗或野毒株的检测试剂。或者，使用相关病毒株的参考血清来校准检测试验
口蹄疫病毒抗原特性的变异性，以致对疫苗株产生保护性免疫的疫苗可能不足以抵御不同野毒株的攻击	通过调整检测毒株试验的特异性或使用参考血清或先前的试验信息来弥补差异，测量疫苗株和保护毒株的抗体应答
保护不同口蹄疫病毒毒株攻击所需抗体量的变异性	根据以前的效力试验确定保护阈值

3.2.2 结构蛋白抗体应答和保护性之间的相关性

对于一些疫苗株，可以通过用活病毒攻击免疫动物并在免疫后特定时间收集血清，来对结构蛋白抗体应答和保护性之间的相关性进行量化。通过 VNT 或 ELISA 试验（3，30，35，41）确定产生的保护性血清抗体水平，这些血清学试验可以用于确定疫苗效力和免疫畜群的保护性抗体水平。

例如，Barnett 等（3）研究了 VNT 测定的抗体滴度与根据《欧洲药典》对 6 种血清型口蹄疫病毒进行的效力试验中攻毒保护性之间的相关性。表 V 总结了 FAO 世界口蹄疫参考实验室对 O 型、A 型和 Asia 1 型口蹄疫毒株进行检测获得的结果。

表 V 与保护性相关的滴度值概况［Barnett 等（3）］

血清型	Log 滴度			
	T_{50}	T_{50}（95％CI）		T_{95}
O 型	1.6	1.1	1.7	2.1
A 型	1.4	1.3	1.6	2.1
Asia 1 型	1.7	0.4	2.0	2.3
组合	1.5	1.4	1.6	2.1

注：95％ CI 指 95％置信区间；

T_{50}指动物保护率为 50％时的滴度；

T_{95}指动物保护率为 95％时的滴度；

注意：三种疫苗 PD_{50}（半数保护量）的保护概率为 75％（21），上述三种血清型组合的 T_{75} 的对数滴度为 1.75。

又如，Maradei 等（30）建立了阿根廷所用的四种疫苗株的 LPBE SP 抗体滴度和 75％EPP（预期保护率）之间的相关曲线。数据见表Ⅵ。

表Ⅵ 与 75％预期保护率相关的液相阻断 ELISA 抗体滴度

疫苗株	LPBE 抗体滴度（$\log_{10}$）
A24 Cruzeiro	1.9
A Argentina 2001	2.2
O1 Campos	2.1
C3 Indaial	2.2

3.2.3 非结构蛋白抗体应答

当使用减少 NSP（非结构蛋白）污染的纯化疫苗时，检测病毒 NSP 抗体的血清学试验（NSP 试验）特别适于评估感染（而不是免疫）诱导的免疫应答。该评估有助于检测免疫动物中的病毒循环情况。通过排除 NSP 抗体阳性动物，可以在监测畜群免疫力时消除感染的影响。由于免疫诱导的 NSP 抗体可能随着重复免疫而增加，因此免疫群体中接种次数少的幼畜最适于调查感染证据。疫苗使用者可以独立验证所购买的疫苗产生 NSP 抗体的程度，但是，由于只有一小部分接种了不完全纯化疫苗的动物会在第一次接种后以这种方式进行应答，因此此类研究需要大量的动物和/或需要对多次接种的免疫应答进行检查（44）。

3.3　评价疫苗质量的小规模试验

如果疫苗生产商未提供必要的信息来评估所提供产品是否满足上述图 1 的要求，那么建议进行一项研究，以评估疫苗在代表性目标动物群中的预期效果。这项研究应在最终确定购买疫苗之前进行。一种简单且经济的方法是：在当地购买动物、进行免疫和采样，并将血清样本送往参考实验室进行抗体滴度检测。根据可用的设备、专业知识和资金状况，可以决定在当地或某参考实验室进行整个研究。

此类评估应遵循以下要求：

-种类——牛；

-状况——动物应不携带口蹄疫病毒及相应抗体，未进行过口蹄疫疫苗免疫；

-年龄——6～9 月龄；

-性别——无关紧要；

-数量——评估每批疫苗时，5 头牛未加强免疫，另 5 头牛加强免疫；在每个试验中 2 头非免疫对照动物；

-识别方法——个体耳标；

-卫生监测——每天；

-圈舍——牛应饲养在农场生物安全措施完善且接触口蹄疫病毒概率较低的区域或地点；

-饲喂和饮水条件——标准牛饲料，自由饮水；

-检测系统合理性——口蹄疫疫苗的目标动物种类。

如果犊牛是由已感染或已免疫的母牛所生，则必须等到母源抗体消失。通常在出生后 6 个月犊牛的母源抗体才会消失，在免疫研究开始之前应检测犊牛的口蹄疫抗体。试验期间，作为哨兵动物的 2 只未免疫对照动物必须与免疫动物在同一设施中一起饲养，以检测 FMDV 感染情况。

3.3.1 免疫方案和血样采集

下列采样方案将提供免疫接种后抗体水平上升和下降的关键信息：

-免疫接种之前——每只动物采集两管 10 毫升全血以分离血清。

-第 0 天——按照标签说明，以单剂量疫苗对免疫群体进行免疫接种。

-免疫接种后第 5 天——每只动物采集两管 10 毫升全血以分离血清。

-免疫接种后第 14 天——每只动物采集两管 10 毫升全血以分离血清。

-免疫接种后第 28 天[①]——按照标签说明，用单剂量疫苗对免疫组的 5 头牛进行再次接种（加强免疫）。每只动物采集 5 管 10 毫升全血以分离血清。

-免疫接种后第 56 天——每只动物采集两管 10 毫升全血以分离血清。

-免疫接种后 6 个月（可选）——每只动物采集两管 10 毫升全血以分离血清。

3.3.2 抗体检测

-应检测免疫动物血清中的 SP 抗体，以评估产生的免疫力。应检测所有动物血清中的 NSP 抗体，以确认动物在试验过程中未感染 FMDV。

-适用的商品化 NSP 检测试剂盒很容易获得（例如，加利福尼亚州卡尔斯巴德的 Life Technologies 公司生产的 PrioCHECK FMDV NS），有助于开展动物试验的国家进行本地测试。

-如果开展动物试验的国家能够使用血清型特异性检测方法检测血清（如 PrioCHECK 或参考实验室提供的血清型特异性检测方法 LPBE、SPCE 或 VNT），那么应针对疫苗中包括的所有血清型对血清进行滴定。

-应对参考血清进行本地测试校准（其滴度最好等于动物效力试验中 50% 的保护力）。有可能从参考实验室获得此类血清，或者疫苗生产商提供的批量释放血清也有助于测试校准和解释。

-还可以将血清（尤其是在第 0、5、14 和 28 天[②]采集的血清）提交到认可的参考实验室，以进行相关疫苗和野毒株的检测（图 2）。

---

①② 在疫苗效力检验中，可以在免疫接种后第 21 或 28 天（dpv）进行攻毒（水剂疫苗通常为 21dpv，油剂疫苗为 28dpv）。有的参考实验室在校准估计保护力的试验时已经使用 21dpv 血清而不是 28dpv 血清，因此应该通过事先咨询来确定确切的时间。

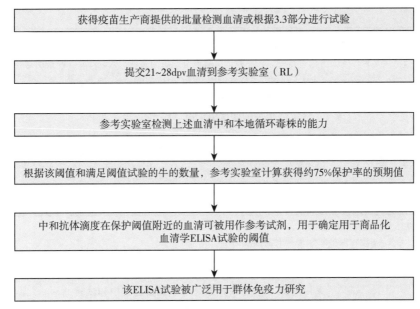

图 2   应用血清学方法来确定监控疫苗诱导免疫力的阈值

dpv，免疫后的天数

3.3.3   结果解释

-首次免疫前后 NSPs 抗体检测的结果应为阴性（如果再次免疫，那么再次免疫后结果也为阴性）。

-两个对照组动物都不产生 NSPs 抗体（或 SPs 抗体，如果检测）。

-首次免疫后第 5 天采集的血清应不含 SPs 抗体，因为这是回忆应答的标志，否则意味着免疫动物以前已经被感染或免疫过。

-参考实验室检测应说明疫苗是否产生了保护性应答（图 3）。例如，如果在世界 FMD 参考实验室进行 VNT，那么在 21dpv 或 28dpv 采集的血清样品的 VNT 平均抗体滴度在 1.2 和 1.6 之间（$\log_{10}$）或 LPBE 平均抗体滴度大于等于 2.0（$\log_{10}$）（17）是充分保护应答的标志。根据下文所述的方法在进行免疫后监测时可以运用这些阈值。

-本地测试反应也表明疫苗在田间广泛使用时所预期的最佳效果。

上述方法使用的动物数量是绝对最小值，通过增加组的大小可以获得更可靠的信息。或者，可以进行小型田间试验，如 3.4 部分所述。

5头牛免疫接种A型疫苗，2头牛未进行免疫作为对照。免疫21天后，采集血清并由参考实验室采用2种VNTs方法进行检测，一种是用与疫苗同源的病毒（A1），另一种是用与当地流行毒株异源的病毒（A2）。如下所示计算出该疫苗对同源和异源攻击的保护率。

表1 保护性相关的滴度值汇总（Barnett等，2003）

血清型	对数滴度			
	T_{50}	T_{50}（95%CI）		T_{95}
A型	1.45	1.326	1.56	2.567

注：T_{50}指动物保护率为50%时的滴度；
$\quad T_{95}$指动物保护率为95%时的滴度；
$\quad$95%CI指95%置信区间。

表2 采用同源（A1）和异源（A2）病毒进行中和试验，评估免疫后21天动物个体的抗体滴度

动物ID	中和滴度	
	A1	A2
1	1.81	1.34
2	1.51	0.90
3	1.20	1.04
4	1.34	1.20
5	1.81	2.11

表3 疫苗对同源（A1）和特定异源（A2）病毒攻击的预期保护率和平均滴度（几何平均数）

血清型	中和滴度	对数滴度	预期保护率	P值*
A1	1/34	1.53	0.73	0.125
A2	1/21	1.32	0.48	0.529

* $P<0.05$表示预期保护率显著高于预期保护50%动物的概率。

图3 解释基于抗体水平保护率的疫苗试验示例

3.4　田间免疫动物的免疫应答评估

建议在选择好疫苗后使用这种田间研究方法，以便更好地了解疫苗在比第3.3部分所述的购买前试验所用的更大动物群体中的性能。如果没有进行购买前试验的要求，那么该试验的一些目标（如血清学试验校准）也可以在购买疫苗后利用这项田间研究来实现。这种方法是一项纵向研究，在这项研究中，选定的一组动物接受疫苗接种，并随着时间的推移进行监测。

本部分提供了一个建议方案（统计学背景知识在附录2中做了更详细的说明）。

这种评价的具体目标如下：

-准确估计在接种疫苗后第28天出现SP抗体滴度等于或高于预先指定水平的动物比例；

-准确估计在（首次免疫后）第56和168天SP抗体滴度等于或高于预先指定水平的动物比例；

-准确估计在（首次免疫后）第28、56和168天抗体应答的范围和平均值；

-表明疫苗是否能在免疫动物体内引起NSP抗体应答。

根据可获得的数据，这些研究可用于评估保护性，如下所示：

-如果国家没有关于血清学和保护性之间相关性的数据，这些试验结果（抗体滴度的平均值、分布和95％置信区间［95％CIs］）有助于建立用于广泛血清学调查的临时阈值。

-如果国家有足够数据确定临时阈值（如"保护性非常好"和"保护性差"），主要的预期结果将是这两组中每组动物的比例。除了平均值，抗体滴度的分布和95％置信区间将有助于优化阈值。

-如果国家已经建立了抗体滴度和保护性之间的关系，结果将使人们能够估计在田间条件下免疫动物群的预期保护水平。

评估免疫应答需要口蹄疫血清学阴性动物、能够将感染风险降至最低的饲养设施或农场。在口蹄疫发病率较高的国家（PCP-FMD第1或2阶段）和/或广泛进行免疫的国家，可能很难找到没有抗体〔主动或被动（初乳）免疫产生〕的动物。在这种情况下，为了确保监测期间暴露于口蹄疫的可能性较低，可以根据过去两年没有接触口蹄疫病毒的信息来选择流行病学单元（epi

单元）。

下列方案可用于田间条件下评估接种疫苗动物的免疫应答：

a）建议 6～12 个月龄组中产生特定水平抗体动物的预期比例为 85％；

b）允许的标准误差为 10％；

c）95％的置信水平。

-根据上述数据，本研究共需要 49 只动物。

-为了弥补可能的动物退出、以前接触过病毒或样本分析方面的问题，将样本数量增加到 55 只动物。

-已知没有口蹄疫抗体（针对疫苗株的 NSP 和 SP）的 6～12 月龄动物，应以简单随机抽样或系统随机抽样的方式选择。

-选择足够数量的流行病学单元进行试验，以达到所需的动物数量。理想情况下，所选的流行病学单元接触野毒的机会应该很小（在过去两年没有检测到口蹄疫），以免混淆疫苗效果和接触野毒的效果。

-动物应进行个体标识。

-在第 0 天（首免时）、28 天（加强免疫时）、56 天和 168 天采集血样。

-分析样品：

• 确定针对同源疫苗病毒的 SP 抗体滴度（第 0 天应检测不到抗体）。还建议测定针对野毒株的 SP 抗体滴度，以衡量疫苗对循环病毒的保护作用。

• 确定是否存在 NSP（在整个田间试验过程中应都没有 NSP 抗体）。

-计算产生特定抗体滴度动物的比例（及其置信区间）（或计算产生的抗体滴度等于或高于保护性阈值动物的比例）。

-计算不同时间点的特异性抗体平均滴度。

只有试验开始时动物的 SP 和 NSP 抗体均为阴性，评估才会成功。在任何时间点，NSP 血清反应性都表明动物可能感染或使用的疫苗缺乏纯度。

这种田间研究的结果应该提供以下信息：（ⅰ）在接种单剂量疫苗后，预计将产生特定水平抗体的动物比例，（ⅱ）评估加强免疫的效果，以及（ⅲ）关于特定抗体滴度的持续时间（和水平）的信息。结合疫苗覆盖率数据（如果有的话），它可以用来在群体水平上估计具有特定抗体水平动物的预期比例。虽然在口蹄疫呈地方性流行的国家，畜群的免疫状况很可能受当前或过去免疫以及以前接触野毒的综合影响，但是这也在一定程度上实现了第 3.5 部分提出的研究目标。此外，还需要进行更广泛的田间研究，以检测疫苗应用和诱导免疫的地区差异。

针对特定水平抗体（被认为是保护性的）血清滴度的评估也可以被解释为疫苗效力，在这种情况下，这与产生等于或高于保护性滴度免疫反应的个体比例相对应。

很少有国家能够建立一个血清学滴度阈值来区分保护性好和保护性差的动物（就像在南美国家所做的那样）。然而，有的国家可能从疫苗生产商或专家那里获得了关于什么水平的抗体可以被认为是可接受的等有用信息。在这种情况下，对平均抗体滴度（及其 95％ 置信区间）的定量评估有助于建立临时阈值。

3.5　免疫后监测用于评估群体免疫力

总的群体免疫力是指在整个口蹄疫易感群中具有免疫力的动物比例（百分比），或至少部分动物被作为口蹄疫控制目标的比例。这是疫苗覆盖率和对免疫产生应答的动物比例的函数，也反映了免疫力的其他来源，如感染、早期免疫或母源抗体。在开始控制口蹄疫的国家中，感染仍然很普遍，感染后免疫力水平会很高（通常为 15％～30％ 或更高），而在口蹄疫消灭后期阶段的国家，感染后免疫力则不太可能是群体免疫力的重要组成部分。

在介绍疫苗覆盖率时已经提到，在设计和解释群体免疫力的血清学调查时，明确是只对免疫动物还是整个畜群进行抽样是相当重要的。在图 4 所示的例子中，整个畜群总共有 30 头牛，符合接种条件的牛群是畜群的一个子集，由 24 头牛组成。在这 24 头牛中，对 20 头牛接种了疫苗，14 头（圆圈中的牛）产生了足够的口蹄疫抗体。这些抗体可能是由接种疫苗或感染引起的，如果同时进行 SP 和 NSP 抗体检测，则可以区分两者，因为接种疫苗只会诱导 SP 抗体，而感染会同时诱导 SP 和 NSP 抗体。在免疫接种的牛群中一些牛没有免疫力的可能原因是：

-尽管符合接种条件但没有免疫——免疫期间不在养殖场、太凶猛而无法接种、处于怀孕后期、畜主不合作等；

-由于不符合接种条件（如低于最小免疫年龄）而未进行免疫；

-接种疫苗但没有产生免疫应答——取决于疫苗的效力、接种疫苗的剂量（低剂量、超剂量）、疫苗的保质期、冷链系统。

动物没有进行疫苗接种的原因包括：

-可用疫苗剂量不足；

-牛不符合接种条件，如太年幼；

-新引进的非免疫牛，如进口的牛。

目标群的群体总免疫力（OPI）是衡量病毒传播和致病程度的最佳指标，而免疫群体的免疫力（VPI）是衡量免疫应答的有用指标，与疫苗覆盖率数据相结合，可全面衡量免疫计划的质量。

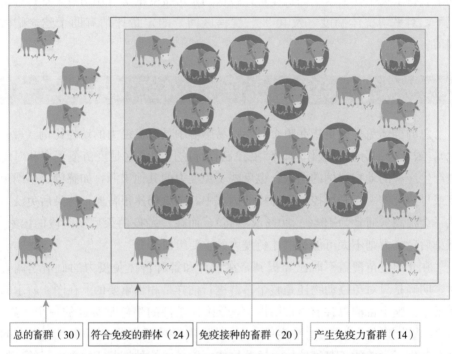

| 总的畜群（30） | 符合免疫的群体（24） | 免疫接种的畜群（20） | 产生免疫力畜群（14） |

图 4　举例说明未免疫、已免疫和已免疫但没有免疫力的群体

免疫覆盖率：20/24＝83%；

已免疫且有免疫力的畜群：14/20＝70%；

已免疫接种的畜群：20/30＝67%；

总的群体免疫力：14/30＝47%；

还有可能由感染产生的免疫力。

如前所述，免疫后任何时间点的群体免疫力可能会受到接种疫苗的整个易感畜群的结构和动态的影响；如果在两次免疫活动之间，动物的周转率特别高，那么总体免疫水平可能会随着时间的推移而波动，使总体保护水平下降到不足以阻断传播（这样可能传入口蹄疫病毒）。

评估群体免疫水平对于评估具有特定抗体水平动物的比例以及它们的分布都很重要。抗体水平低的群体的存在可能有助于畜群中病原的传入和定殖，也表明在特定的养殖系统中应采用不同的免疫方案（就像大型猪场一样，每年进行两次免疫）。识别此类高风险群体（农场、村庄等）可能有助于了解疾病感染的流行病学，并有助于改进免疫方案。

评估畜群免疫状况的常用方法有两种：

（1）在个体动物水平上估计免疫状况；

（2）在流行病学单元水平上（如畜群或村庄）估计免疫状况。

这两种方法有不同的方法论要求，因此，通常会应用这两种方法中的一种，而不是两种都用。一般而言，处于 PCP 第 2 或 3 阶段的国家（预计口蹄疫病毒仍会循环）开展免疫时，建议在个体动物水平上评估免疫状况；但是，在病毒循环较低且将要达到（或已经达到）（免疫或非免疫）官方无疫状态的国家，建议在 PCP 较高阶段在流行病学单元水平上估计免疫状况。

无论采用哪种方法，所进行的研究都属横断面研究的范畴，即在某一特定时间点抽取动物样本。

有关统计方法背景的详细信息及例子见附录 2。

目标是估计具有特定抗体水平的个体动物的比例（第 3.5.1 部分），或者估计在超过特定群体保护阈值（第 3.5.2 部分）的个体动物比例中某群或流行病学单元的比例。

个体样本采集的时间将取决于要获取哪种类型的信息。假设疫苗接种每半年定期进行一次，那么一般来说，有两种可能情况：

（1）在接种疫苗时采样（这样可以估计免疫活动开始时的免疫力，以及以前免疫活动剩余的免疫力）；

（2）在动物免疫接种后的特定时间点采样（动物接种疫苗后 1～3 个月采集血液样本，可以估计最高水平的免疫力）。

还可以在两个不同的时间点对动物进行抽样，以评估群体免疫力的变化。例如，在免疫接种时采样，并在其后 1～3 个月再次采样，群体免疫力水平应显著提高。需要注意的是，如果进行这种二次抽样，并不一定要在两轮中抽取相同动物。

还应注意的是，此部分的评估与第 3.4 部分所述的评估不同，因为在这种情况下，是以个体为目标，而不考虑它们的免疫状况（也就是评估 OPI）。理论上，6 月龄以下动物也可以抽样，但实践中通常只评估 2 个或 3 个年龄段，即 6～12 月龄、12～24 月龄和 24 月龄以上。是否包括最小年龄组取决于调查目的，以及是否打算估计初乳免疫间接产生的抗体保护水平、评估初次免疫的最佳年龄。在实践中，如果目的包括评估不符合接种条件年轻群体的免疫水平，那么就需要以 4 个年龄组为目标群，建议的样本量将在下一部分说明；如果调查仅限于那些符合接种条件的年龄组别，那么 6 月龄及以下的组别将不包括在内，而所考虑的 3 个年龄组别的样本量维持不变。

下列方法可用于建立免疫力血清学指标的可接受阈值。它们实现不同的目标，需要不同的优先信息。大多数检测使用一种方法，用替代试验对收集的部分血清进行检测可作为补充。最终目的是对野毒攻击提供保护，而第 3 种方法最适合于衡量这一点：

a）证明疫苗在田间与在对照条件下使用一样有效，且已使用完整疫苗成功对动物进行了免疫。对于该方法，使用来自对照研究（如第 3.3.1 部分所述）的免疫后血清作为预期免疫力的基准水平。这些对照血清应该在接种疫苗后与用于群体调查的血清同时收集。无论使用哪种类型的 SP 抗体检测试验以及毒株组成，如果确保疫苗有效运送，预期都能在田间获得相似的抗体滴度。

b）证明接种疫苗已产生足够的免疫力，能够保护动物免受与疫苗同源的病毒株的攻击。使用与疫苗同源病毒的 SP 检测试验，并使用由同源效力试验确定的阈值，或者通过校准血清估计或基于过去检测经验确定的阈值。

c）证明接种疫苗已产生足够的免疫力，能够保护动物免受该地区流行并可能构成威胁的病毒株的攻击。使用本地流行毒株（或等效毒株）的 SP 检测试验，并使用由异源效力试验确定的阈值，或者通过校准血清估计的阈值或基于过去检测经验确定的阈值。

3.5.1 免疫后监测评估畜群免疫力（个体水平）

a）下列年龄组中具有特定抗体水平动物的预期比例的建议值：

－0～6 月龄——预期比例为 60％；

－6～12 月龄——预期比例为 70％；

－12～24 月龄——预期比例为 80％；

－24 月龄以上——预期比例为 90％。

b）允许标准误差为 10％。

c）置信水平为 95％。

－根据上述数据，每个年龄组需要的流行病学单元数量如下：

- 0～6 月龄——26 个流行病学单元，每单元采集 10 个样本（共 260 个样本）；

- 6～12 月龄——26 个流行病学单元，每单元采集 7 个样本（共 182 个样本）；

- 12～24 月龄——26 个流行病学单元，每单元采集 4 个样本（共 104 个样本）；

- 24 月龄以上——26 个流行病学单元，每单元采集 2 个样本（共 52 个样本）。

-这项研究至少需要采集 598 个血液样本（如果 6 月龄及以下年龄组不抽样，则减少为 338 个）。为了弥补可能的不足，样本量应该每组增加 1 个额外的流行病学单元。

-流行病学单元的选择取决于可用的抽样框：

- 如果有可靠的流行病学单元列表和每个流行病学单元的估计动物数量（及其在四个年龄组中的分布），则可以按概率比例抽样法（PPS）来选择流行病学单元，同时考虑到抽样的 4 个年龄组中每个年龄组的 PPS 可能不同。如果使用选择初级抽样单位（PSUs）的程序，则可以使用附录 2（例Ⅱ a-备选方案 1）中描述的程序进行样本分析。

- 如果只有可靠的流行病学单元列表可用，则可以通过简单随机抽样（SRS）来选择流行病学单元。如果使用了选择 PSUs 的程序，则可以使用附录 2（例Ⅱ a-备选方案 2）中描述的程序进行样本分析。

-在每个选定的流行病学单元中，可以通过简单随机抽样或系统随机抽样从每个年龄组中选择动物。

-根据既定程序采集血样（在接种疫苗时和/或任何时候）。

-分析样本：

- 确定具有针对同源疫苗株 SP 和 NSP 抗体的可检测水平的动物比例。还建议测定针对野毒株的 SP 抗体滴度，以衡量对流行毒株的保护作用。

-确定 SP 抗体的平均滴度。

-计算各年龄组别的 SP 抗体水平及置信区间：

- 如果用 PPS 选择流行病学单元，则使用公式 13、14 和 15（见附录 2）。

- 如果用 SRS 选择流行病学单元，则使用公式 16、14 和 17（见附录 2）。建议的程序是基于这样的假设，即符合免疫条件的最低年龄是 6 月龄，免疫活动每 6 个月进行一次。6 月龄及以下年龄组有助于对免疫力的总体估计，并可能用于评估母源抗体及被动免疫对群体总免疫力的影响。

假设在进行常规免疫、SP 阳性动物比例随年龄增加的情况下，则根据不同的预期比例（60%～90%）来估计建议的样本量。还应注意的是，为了符合关于无偏参数估计的统计理论（13），抽样的初级抽样单位数量应该大于 25 个流行病学单元。

这些数值也是可变的（依据附录 2 中描述的程序）。例如，如果需要更高的精度，则允许误差可以降低到 5%，反过来会增加要采集样本的数量。主要的制约因素将是各国内部可用于此类调查的资源。

选择流行病学单元的方式（使用 PPS 或 SRS 程序）将影响估计阳性动物比例（及其置信区间）的方式（有关此问题的详细信息，请参阅附录 2）。

3.5.2　免疫后监测评估畜群免疫力（群体水平）

在免疫主要目的是减少口蹄疫临床发病率的国家（流行病学情景 1，通常对应于 PCP-FMD 第 2 阶段）中，不推荐采用这种方法，因为预计有相当大比例的动物将因先前暴露于野毒而表现出免疫力。

然而，在群体水平上评估免疫力可能是有用的，因为血清阳性主要（如果不单独是）是由于疫苗接种，因此这种方法适用于以根除为目的的情景 B 中的国家（可能处于 PCP-FMD 第 3 或更高阶段），也适用于情景 C 和 D 中的国家。

目的是估计"未充分免疫的流行病学单元"（NAVEU）的比例（见附录 2 中例Ⅲ.a），这意味着该流行病学单元内具有特定水平抗体的动物达到一定比例时，可将该流行病学单元定义为"充分免疫"。

为了估计每个抽样流行病学单元内的样本大小，有必要建立一个阈值比例，低于该阈值比例的流行病学单元被认为未受保护：

a）NAVEUs 预期比例的建议值为 20%；

b）允许标准误差为 10%；

c）置信水平为 95%；

d）当具有特定抗体滴度的动物比例如下时，则将单个流行病学单元的目标阈值定义为 NAVEU：（ⅰ）6～12 月龄组中，<60%，（ⅱ）12～24 月龄组中，<70%；

e）检测到 0 个动物的抗体水平等于或高于特定滴度动物的概率小于等于 0.05（2 个年龄组之一）。

-根据上述目标值，需要选择 62 个流行病学单元，每个流行病学单元中需要 3 只 6～12 月龄动物和 2 只 12～24 月龄动物。

-将样本数量增加到 70 个流行病学单元，以弥补曾暴露于野毒或样本分析有问题的动物。

-通过 SRS 选择流行病学单元。

-在每个选定的流行病学单元中，通过 SRS 或系统随机抽样来选择动物。

-根据既定程序采集血样（在接种疫苗时和/或任何时候）。

-分析样本：

- 确定针对同源疫苗毒株的 SP 抗体滴度。还建议测定针对野毒株的 SP 抗体滴度，以衡量对流行毒株的保护作用。确定 NSPs 存在与否（排除检测结果表明可能感染的流行病学单元）。

- 如果在抽样的 3 只 6～12 月龄动物或 2 只 12～24 月龄动物中没有发现 SP 阳性，则该流行病学单元被归类为 NAVEU。

-计算 NAVEU 比例及其置信区间：

- 使用公式 3 和公式 4（如附录 2 所示）。

需要进一步强调的是，抽样仅限于那些符合免疫条件的年龄组，而将个别群归类为 NAVEU 则是依据在所选择年龄组中的发现。因此，这种方法并不能提供关于牛群内整体保护水平的信息。

上例中估计的样本量可以根据当地情况以及根据哪个年龄段是最好的信息来源来改变和调整。这种方法的主要优点是，它需要的样本数量明显少于第 3.5.1 部分中描述的方法。此外，研究的设计和分析也大大简化。

3.6　免疫后监测免疫力的清单

-获得疫苗效力的证据，如果可能，应获得疫苗生产商效力检验和批次检验的免疫后血清证据。

-考虑动物免疫应答的变异性、试验的重复性以及疫苗、野毒和检测病毒的抗原性等影响因素，建立血清学阈值。

-购买前在当地一小群动物中开展免疫力研究，当实施免疫后在田间对一群动物进行免疫力研究。

-监测区域和全部畜群的免疫力水平，以确定是否正确实施了疫苗接种，以及是否可以提供预期保护。

第 4 章

监测免疫和其他
控制措施的影响

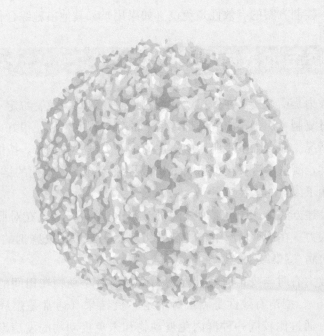

4.1　引言

如第 3 章所述，免疫力的血清学证据不能直接证明达到了实施免疫计划的目的（即口蹄疫控制），因此还必须监测口蹄疫发生和/或感染情况。然而，由于口蹄疫常断断续续发生，没有发生疫情也不能保证免疫计划有效。因此，需要对免疫力以及暴发和/或感染情况进行监测。

在大多数情况下，免疫可能是整体计划的要素之一，因此，可能很难将免疫与其他控制措施的效果分开。

图 5　控制口蹄疫的要素

移动控制、其他动物卫生措施和扑杀通常是预防病毒入侵和再次暴发疫情的反应机制的一部分（图 5），但免疫既可以作为应急反应措施（紧急免疫），也可以作为预防措施，以减轻口蹄疫病毒传入的影响。

因此，控制方案的有效性是免疫（如果用）和其他措施综合作用的结果。

4.2　疫苗的效力和有效性

疫苗效力是衡量疫苗在受控条件下测试时，对动物免受特定不良结果（如疾病、病毒复制、病毒排出或病毒传播）的保护程度，以便很好地描述免疫和攻毒保护情况。如《陆生手册》中描述的牛效力试验的例子，按照规定的免疫和攻毒方案，测量牛舌头接种后病毒扩散导致蹄部出现水疱的结果（44）。这项测量表明了疫苗的内在质量。

除了上述方法外，还可以通过随机对照试验（RCTs）在对照现场条件下测量疫苗效力。在这种情况下，疫苗效力表示为与服用安慰剂的对照群相比，免疫群中疾病/感染减少的数量。

疫苗效力有时与疫苗有效性混为一谈，后者是动物在田间的免疫保护程度指标（26）。疫苗有效性是测量对给定不良结果（通常是疾病或感染）的保护程度，通过比较同一种群内免疫动物和未免疫动物的发病率而得出。它不仅取决于生产商提供的疫苗的初始（内在）质量，还取决于外在因素，如疫苗储存和分发、疫苗匹配、接种时间以及间接的疫苗覆盖率等因素的影响。

　　疫苗效力和有效性有时被错误互换使用的原因之一，可能是因为两者都可以用相同的公式来估计：

$$VE=(R_U-R_V)/R_U \qquad (公式1)$$

　　其中，R_U 是未免疫群体的发病风险或发病率，R_V 是免疫群体的发病率。

　　虽然这两个概念是相关的，但它们应该被视为不同的概念，因为它们在估计方法上有所不同：①疫苗效力是通过随机对照试验估计的；②疫苗有效性是通过田间观察研究或在正常规划条件下有时进行田间试验来估计的。

　　为避免混淆效力和有效性，（在本文件中）缩写 VE 应代表疫苗有效性，公式1转换为：

$$VE=1-(R_V/R_U) \qquad (公式2)$$

它通常以百分比的形式表示。

　　根据口蹄疫渐进性控制计划（PCP-FMD），在第2阶段和第3阶段虽采取了控制措施，但疾病/感染仍然存在。在第2阶段，免疫可能是唯一适用的措施（认为达到无口蹄疫目标不可行的国家，可能希望平衡疾病的经济损失与免疫成本）；而一旦进入第3阶段，就决定向口蹄疫无疫推进，并针对清晰的根除目标采取更积极的政策。

　　只有当国家处于PCP-FMD第2阶段或第3阶段（预计仍会发生口蹄疫）时，才应当测量疫苗的有效性，以确保在田间条件下使用的疫苗具有预期的保护效果。

4.3　免疫群中的暴发调查

　　彻底调查在本应受到保护的免疫动物中发生的疫情，是监测疫苗免疫效果的一个重要方面。调查结果应在第2章和第3章所述的更广泛监测方案的背景下加以考虑，以确定缺陷是特定的局部原因还是免疫方案更广泛问题的一部分。建议采取一种系统的方法来检查可能出现问题的所有步骤，从最初的疫苗质量和匹配性，到疫苗的储存、运送和接种、疫苗覆盖率、诱导免疫力和野毒株的性质都可能出现问题，这些问题可能是由于感染剂量、免疫后间隔时间长或抗原表型变化而导致的（图6）。

　　与免疫有关的暴发时间是一个关键考虑因素，因为免疫力需要时间来产生，然后减弱。该方面调查的决策树见图7。基于土耳其回顾性暴发调查的经验，暴发调查过程中收集数据所用的具体方法见附录4（27）。

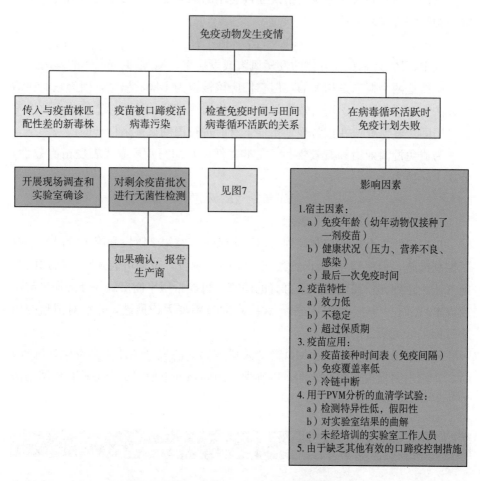

图6　疫病暴发调查—考虑因素和影响因素

4.4　口蹄疫控制计划的有效性

　　如前所述，根据国家或地区的状况，口蹄疫控制计划（可能包括免疫）的设计和实施从一开始就应有明确的目标。第3章中用来定义评估免疫力的目标值的类别现在被用来设定控制计划的战略目标。这些内容汇总在表Ⅶ中。

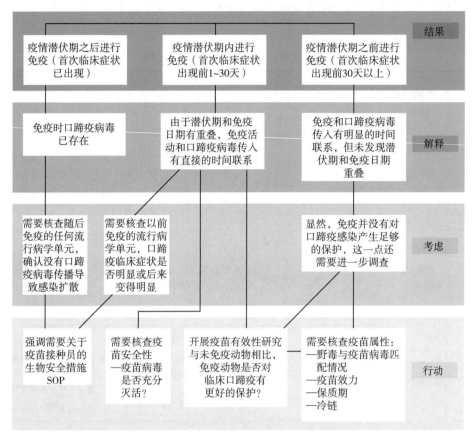

图 7　疫病暴发调查—确定免疫活动的时间与疫情潜伏期之间的关系

SOP：标准操作程序

4.5　监控

监控是一个管理过程，通过这个过程，绩效指标被用来表明在免疫期间或免疫后达到了预期结果。设计监控系统需要根据以下一项或多项确定二级预防措施的成功指标：

-疾病或病毒循环的预期减少程度；

-可接受的疾病发病率，低于该发病率即被认为是成功的；

-没有疾病或病毒循环。

这些绩效指标通常是在控制方案开始之前与公共和私营部门利益相关方协

商决定的。设定可实现的结果很重要，这些结果应该是确保利益相关方持续支持的。

表 Ⅶ　控制计划的战略目标和成功指标

类别	控制计划的战略目标	实施开始时的状况			预期结果	成功标准（见4.4）	评论（见4.5）
		病毒循环	OIE 状况	PCP-FMD 阶段			
A	降低口蹄疫临床发病率	发生（用病例或疫情表示）	未达无疫	通常达第 2 阶段	发病率降低	发病率降低到可接受水平（由利益相关者设定）	预控基线未知时，可以使用疾病的可接受水平
B	消除口蹄疫病毒循环	发生（可能报告或不报告）或可能不发生	未达无疫	通常达第 3 阶段	病毒循环降低	口蹄疫病毒循环降低到 0 或者可接受水平以下（由利益相关者设定）	预控基线未知时，可以使用病毒循环的可接受水平
C	保持免疫无口蹄疫状态	未发生 OIE 认可不存在疫情的证据	免疫无疫	通常达第 4 和第 5 阶段	保持无疫状态的充分证据 未发现病毒循环	符合《陆生法典》保持无疫状态的要求	免疫的理由是，与非免疫无疫地位相比，病毒入侵的影响较小
D	口蹄疫入侵后再次获得无疫（紧急免疫）	发生（传入口蹄疫无疫国家或地区导致疫情发生）	无疫地位暂停	假设该国处于第 4 或第 5 阶段	证明没有病毒循环的充分证据	符合《陆生法典》（贸易伙伴）重新获得无疫状态的要求	

4.6　实施开始时的状况

如上所述，口蹄疫免疫战略的目标可以是减少临床疾病，或者消除口蹄疫病毒感染，或者重新获得无口蹄疫状态。显然，对于每一项战略目标，一开始就有一个明确的结果要实现。

为了清楚起见和在控制方案实施之前确定基线信息，执行者和/或希望监控该方案的人来评估是否实现了一开始确定的结果是很重要的。根据国际标准，本指南使用了符合 2013 年《陆生法典》（方框 1、2 和 3）的口蹄疫病例、病毒感染和循环的定义。

方框 1	口蹄疫病例（OIE《陆生法典》第 8.6.1 章）
病例是感染口蹄疫病毒的动物	

方框 2	口蹄疫病毒感染（OIE《陆生法典》第 8.6.1 章）
1. 从动物或从该动物产品中分离并鉴定出口蹄疫病毒（FMDV）； 2. 从一只或多只有口蹄疫临床症状或与确诊或疑似病例具有流行病学关联，或有理由怀疑曾与口蹄疫病毒有关联或接触的动物中，鉴定出一个或多个血清型口蹄疫病毒的特异性病毒抗原或病毒核糖核酸（RNA）； 3. 从一只或多只表现出口蹄疫临床症状，或与确诊病例具有流行病学关联的动物中，鉴定出非免疫所致的口蹄疫病毒结构或非结构蛋白抗体？	

方框 3	口蹄疫病毒循环（OIE《陆生法典》第 8.6.42 章）
根据 OIE《陆生法典》，病毒循环是指临床症状、血清学证据或病毒分离所证明的口蹄疫病毒传播。	

4.7　预期结果

《陆生法典》表 4.1 中 A～D 项列出的控制计划的预期结果是根据以下一项或多项定义的：

（1）发病率或口蹄疫病毒感染发生率降低。

（2）发病率或口蹄疫病毒感染发生率低于规定的目标值。

（3）无发病或口蹄疫病毒感染。

控制计划监控的一般方法是广泛使用流行病学现场观察研究，而不考虑本指南。如何设计这样的研究可以在许多流行病学教科书中找到。

参考文献

微信扫一扫

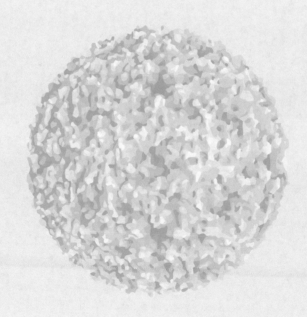

附录

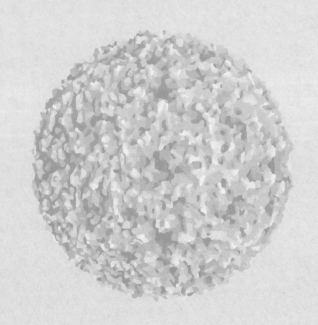

附录 1　免疫覆盖率监测

1. 前言

阻止口蹄疫病毒在畜群内传播所必需的免疫覆盖率取决于在其传染期间一个病例在未感染畜群中平均产生的病例数（基本再生数，R_0）。R_0 值取决于畜群内接触结构的性质，当大量高度易感动物有定期的接触机会时，R_0 值最大。在完全易感的圈养牛群中，R_0 可能大于 10（42）。相邻和接触的类似情况也有助于 FMDV 在畜群之间的传播，但通常传播效率较低，导致对疫情开始时畜群间传播的 R_0 估计值较低（英国和秘鲁 [12，18，23] 暴发疫情时 R_0 值为 2～5）。但据报道，当条件有利于快速传播时，R_0 值更高（18）。

一般将畜群内 80% 的免疫覆盖率作为控制口蹄疫的目标（4），在这种情况下，覆盖率的分母是畜群中易感动物的总数（包括适合免疫和不适合免疫的全部动物）。80% 的疫苗接种覆盖率应该会将 R_V（R_V 是免疫动物中的基本再生数）从 5 降到 1 以下，从而阻止口蹄疫病毒在免疫动物中的传播；这 80% 代表什么应该是非常清楚的。

然而，在许多情况下，免疫并不能完全阻断传播。如果假定达到这一目标的概率为 75%，那么在 80% 的覆盖率下，只有当 R_0 已经低于 2.5 时，疫情才会得到控制（表 1）。

表 1　畜群中能阻止病毒传播的免疫覆盖率与传播率之间的关系（$f \times h = 1 - 1/R_0$）

最初传播率 （R_0）	假定免疫效果 100% 有效（h），必须被免疫的动物比例（f）	假定免疫效果 75% 有效（h），必须被免疫的动物比例（f）
2.5	60%	80%
4	75%	100%
5	80%	不可能*
6.7	85%	不可能
10	90%	不可能
20	95%	不可能

注：* 代表即使对整群动物进行免疫，也不可能消除感染。

在群体水平上，对高比例（>80%）的畜群进行免疫接种应当是可能的，但很难达到 100% 的效果。不过，通过有效的生物安全措施将减少不同单元之间的接触（从而降低 R_0），这将减少对疫苗保护水平的依赖。相反，如果生物安全措施不理想，有效的疫苗保护往往会阻止传播。

应当指出的是，如果对区域的免疫覆盖率进行监测，那么该区域内有免疫覆盖率高的地区，也有由于很难到达或养殖户免疫意愿低而导致的免疫覆盖率低的地区。这样，从总的区域水平来看，免疫覆盖率似乎足以控制传播，但在该区域内覆盖率低的地方，可能仍存在持续的病毒循环。

并不是所有被免疫的动物都能产生保护性的免疫应答，记住这一点也很重要。例如，如果免疫覆盖率为 $f=0.9$，具有保护性水平特定抗体的动物比例为 $h=0.95$，那么畜群中具有保护性水平特定抗体动物的总体比例为 $p=0.9 \times 0.95 = 0.855$ 或 85.5%。此外，免疫应答可能是由于感染而不是疫苗接种所引起的，也可能是更早期免疫接种的反映。在幼年动物中，免疫力也可能反映了对母源抗体的被动吸收。

在第 2 章中，我们提到了免疫覆盖率和一些用于估计免疫覆盖率的方法。无论哪种方法，疫苗覆盖率的可靠估计都需要知道要免疫的目标群。这些信息除了在估计免疫方案覆盖的群体比例时至关重要之外，在规划疫苗需求的阶段也非常重要。

估计免疫覆盖率意味着要进行数据收集和活动评估，以便能够将活动计划中确定的目标与实际实现的目标进行比较。监测免疫计划还包括正确使用记录工具，以便在实施免疫活动过程中的任何时间点都能容易检索到数据。

提出的监测和评估免疫覆盖率的方法基于以下假设：（ⅰ）通过当地的配送中心（疫苗配送从中心到四周的最低链条）将疫苗分发给疫苗接种员；（ⅱ）没有个体动物标识；（ⅲ）这是有组织的免疫活动的一部分（免疫频率假定为每 6 个月一次）；（ⅳ）根据免疫接种时间表预计，每个农场/家庭在每次活动中都会被访问 2 次（第一次访问是免疫所有当时符合接种条件的动物，第二次访问是为幼年动物进行加强免疫，作为对其第一次接种的后续行动）。可能会有例外情况，这将记录在疫苗接种卡上。

2. 记录工具

2.1 疫苗接种卡

疫苗接种卡包含属于同一主人的所有动物的所有相关信息和畜群的免疫历史记录。

图 1 是一个简单的疫苗接种卡的示例。

　　示例中的疫苗接种卡分为 3 个部分，分两个步骤完成填写。第 1 部分应在当前免疫活动下根据免疫接种时间表首次访问畜主时填写（在本例中，假设为每 6 个月免疫一次）。

　　第 2 部分和第 3 部分在第二次访问农场进行加强免疫（通常是首次免疫后 30 天）和/或对首次访问时在农场未免疫的动物进行免疫接种时完成填写。

　　填写表格所需的许多数据都是不言而喻的，并且进一步强调了填写准确数据的重要性。

　　字段 1 指访问日期，字段 2 指操作者（接种人员）的全名。

　　字段 3 指能够唯一识别疫苗接种活动的数字或代码（例如：autumn_ 2014 或 1_2014）。

　　字段 4 表示在访问当天特定年龄组现有的动物数量。重要的是，如果畜主的动物在访问当天不在现场（例如，因去放牧而无法被免疫接种），也应在现有动物数量中注明。

　　字段 5 表示实际注射疫苗的动物数量。以疫苗接种卡为例，6 月龄以下（6 个月及以下）畜群不符合免疫接种资格，因此相应的单元格已加了阴影，无须填写。重要的是，目前 6～12 月龄组的动物（30 天后应该进行加强免疫）也在表 2 中填写（在字段 12 那一栏下）。

　　字段 6 表示剩余的未免疫动物数量。动物未免疫的原因可能是不符合免疫条件（6 月龄以下）或某些其他原因，应在字段 9 中说明。在表 3（在字段 15 标题栏下）中填写剩余的未接种疫苗动物信息，这也是很重要的。

　　字段 7 和 8 分别表示疫苗瓶上的批次号和疫苗的有效期。

　　字段 9 表示一只（或多只）符合免疫条件的动物未进行免疫接种的原因。如患病动物或难以保定的动物在首次访问时未进行免疫接种。

　　字段 10 指第二次访问农场的日期，字段 11 指操作者（接种人员）的全名。

　　字段 12 指在第一次访问期间进行了免疫接种，并应该在第二次访问时进行加强免疫的动物数量。该数字应与表 1 所示的数字相同（6～12 月龄组，免疫接种的数量）。

　　字段 13 指在应该接受加强免疫的动物中，（第二次访问当天）仍然存在的动物数量。

　　字段 14 指在字段 13 中实际接种疫苗的动物数量。

　　字段 15 表示上次访问后未接种疫苗的动物数量，此处填写的数量应与字段 6 相同。

字段 16 表示（在字段 15 的那些动物中）仍然存在的动物数量。

字段 17 表示在第二次访问期间（未接种疫苗的动物中）接种疫苗的动物数量。

字段 18 留给操作员添加相关备注。

需要两份疫苗接种卡，一份留给畜主，另一份寄送到当地的配送中心。那些尚未完成的卡（因为第二次访问尚未完成）将被归档到单独的文件中，一旦进行了加强免疫，它们将与已经完成的卡一起归档。

如果疫苗接种卡中包含的数据可以存储在电子工作表中，将大大简化数据检索和分析。

（根据使用的假设）提出的方法有两个主要缺点：（ⅰ）必须有某种方法来识别应该接受加强免疫的动物（可以选择可重复使用的项圈）；（ⅱ）在两次访问之间，可能会新出生动物或有新的动物引入畜群。无论这些动物是否接种过疫苗，都应该为它们填写一张新的疫苗接种卡（上次访问期间没有计算在内）。

疫苗接种卡

畜主姓名：...

地址：...

村庄：...........................地区：.................省：.................................

第 1 部分（在每 6 个月 1 次的疫苗接种访问期间填写）

（1）访问日期：............/............/............

（2）现场操作者：...

（3）免疫活动代码：...

表 1 访问时该场统计数据以及已接种和未接种疫苗的动物数量

年龄组	种类 A			种类 B			种类 C		
	（4）现有动物数量	（5）免疫动物数量	（6）未免疫动物数量	现有动物数量	免疫动物数量	未免疫动物数量	现有动物数量	免疫动物数量	未免疫动物数量
6 月龄以下									
6～12 月龄*									
12～24 月龄									
24 月龄以上									

注：*代表该年龄组的动物将在此次访问 1 个月后进行加强免疫，其数量必须在下面表 2 的第 2 栏进行填写。

（7）所用疫苗批次号** _____　（8）有效期 _____ / _____ / _____

** 代表如果所用疫苗超过 1 个批次，请在下面注明其他批次疫苗的批次号和过期日期。

_____

（9）如果其他年龄组（除了 6 月龄以下组）动物未进行免疫接种，请在下面注明原因（多于 1 个原因也可注明）：

□动物患病　□动物攻击性太强难以保定　□其他原因（请具体说明）_____

_____

第 2 部分（上次访问农场 1 个月后再次访问进行加强免疫时填写）

（10）访问日期：_____ / _____ / _____　　（11）现场操作者：_____

表 2　加强免疫的动物数量

种类	（12）上次访问时符合加强免疫的动物数量（与表 1 数量相同）	（13）仍然存在的符合加强免疫的动物数量	（14）接受加强免疫的动物数量
种类 A 6～12 月龄			
种类 B 6～12 月龄			
种类 C 6～12 月龄			

第 3 部分（第 1 部分中访问农场 1 个月后再次访问对未免疫的动物进行免疫时填写）

表 3　对上次未接种动物进行免疫的数量

年龄组	种类 A			种类 B			种类 C		
	（15）上次访问时未免疫动物数量	（16）上次访问未免疫动物中仍然存在的动物数量	（17）此次免疫动物数量	上次访问时未免疫动物数量	上次访问未免疫动物中仍然存在的动物数量	此次免疫动物数量	上次访问时未免疫动物数量	上次访问未免疫动物中仍然存在的动物数量	此次免疫动物数量
6～12 月龄									
12～24 月龄									
24 月龄以上									

（7）所用疫苗批次号** _____　（8）有效期 _____ / _____ / _____

** 代表如果所用疫苗超过 1 个批次，请在下面注明其他批次疫苗的批次号和过期日期。

_____

（18）备注：_____

图 1　疫苗接种卡

疫苗接种卡用于监测和评估

免疫覆盖率可以表示为符合接种条件且被免疫的动物数量与目标群中符合接种条件的动物总数或所有易感动物总数的百分比。在疫苗接种活动实施期间，任何时候都可以建立适当的指标来监测进展情况。这些指标可以很容易地引入，但其可靠性在很大程度上取决于疫苗接种卡上记录的数据的质量。

以下是通过疫苗接种卡记录的信息可以建立的指标示例：

OVC 或自疫苗接种活动开始以来特定时间点的总体免疫覆盖率（按动物种类）＝免疫动物数量/疫苗接种活动开始时估计的动物数量[①]。

这一指标的分子是自免疫活动开始以来填写的疫苗接种卡中字段 5 和字段 17 数据的总和，分母是最初估计的动物总数。如果这个数字被估计为符合接种条件的动物总数，那么 OVC 将提供关于应免疫畜群的免疫覆盖率信息；或者，如果 OVC 的分母是目标群中易感动物的总数，那么 OVC 可以被解释为整个畜群的免疫覆盖率。

OCW 或农场内任何时间点的免疫覆盖率（按动物种类和年龄组）＝免疫动物数量/发现存在的动物数量[②]。

该指标中，分子为字段 5 和字段 17 数据的总和，分母为字段 4 数据的总和。

如果这一指标是在活动结束时估计的，它给出的是目前整个动物群体的总体免疫覆盖率（现在可以与估计的数字进行比较）。

ORD 是指 6～12 月龄组中接受了加强免疫的动物的比例。相反，1－ORD 估计的是漏免率（没有接受加强免疫的动物的比例）。

该指标中字段 14 数据总和作为分子（仅用于 6～12 月龄组），字段 5 数据总和作为分母。

可以将上述指标与现场实施规划阶段确定的目标指标进行比较。

例如，如果目标是免疫活动在开始后两个月内结束，那么 OVC 可能会表明这一目标是否能在目标时间内实现。同样，如果目标是确保每个农场至少有 80％的动物接种了疫苗，那么 OCW 可以提供这一目标是否实现的信息。

不同指标及其含义和评价汇总见表Ⅲ。

---

① 在免疫活动开始前，估计需要接种疫苗的动物数量对于免疫计划是至关重要的，阐明 OVC 的分母是仅指符合接种条件的动物还是指全部畜群也是十分重要的。

② 发现存在的动物的实际数量还包括那些没有达到接种疫苗年龄的动物。在免疫活动结束时，实际发现符合接种条件和不符合接种条件的动物数量可能与最初估计的数量不同，也可以用于规划下一次免疫活动。

2.2 批次和剂量登记簿

每个当地配送中心应负责妥善管理收到的疫苗。除了确保正确储存外，当地配送中心还应对疫苗接种员现场免疫所需疫苗的数量进行登记。应使用登记簿对接收到的疫苗数量和分配给最终用户的数量进行记录管理，登记簿上记录有疫苗入库和出库的内容。每一批接收到的疫苗都应该在登记簿上单独记录。表2显示了批次和剂量登记簿的示例。

登记簿中的入库部分包含下列信息（表2）：（i）批标识号/码；（ii）收货日期；（iii）牛用疫苗总剂量；（iv）过期日期。

登记簿中的出库部分由不同行组成。当疫苗被交给疫苗接种员进行免疫时，都会生成一个新的行。需要登记以下数据：

-可用剂量的数量；

-疫苗接种员姓名；

-交付日期；

-交付的牛用疫苗剂量总数；

-退回的未使用的牛用疫苗剂量总数；

-退回未使用剂量的日期。

在每一新行中，可用剂量的数量将是从前一行中减去〔（可用剂量）－（交付剂量）〕的结果（对于生成的第一行，"可用剂量的数量"将等于第1部分中显示的"牛用疫苗总剂量"）。

批次和剂量登记簿可以采用电子工作表格式。

批次和剂量登记簿用于监测和评估

与通过疫苗接种卡估计免疫覆盖率的方法类似，也可以利用批次和剂量登记簿中的数据来制订指标，以监测配送系统的性能和疫苗接种活动的进展。

以下是可以根据登记簿记录的信息制订的指标：

RCV 或从活动开始到活动结束期间向疫苗接种人员交付疫苗的总累计率（每批）＝交付的剂量数量/最初库存的剂量数量。

RMV 或每月（或其他时间段）向疫苗接种员交付疫苗的交付率（每批）＝在监控期结束共交付的剂量/监控期开始时可用的剂量。

RUV 或选定时间段内的累计使用率（每批）＝（该时间段内交付的剂量－该时间段内退回的剂量）/该时间段内交付的剂量[①]。

———————————

① 该指标也可以用来估计浪费百分比＝1－RUV。

可以将上述指标与现场实施规划阶段确定的目标指标进行比较。

例如，如果目标是利用95％的库存剂量，那么RUV可以表明这一目标是否实现。

表2 批次和剂量登记簿

登记簿（第1部分—入库疫苗）						
批次号/码	收货日期	牛用总剂量	过期日期			
登记簿（第2部分—出库疫苗）						
可用剂量	疫苗接种员姓名	交付日期	交付总剂量	退回总剂量	退回未使用剂量的日期	备注

3. 免疫计划的监控

表3总结了上述一些指标的使用情况，以及这些指标与免疫活动实施有关的情况。

表3 免疫活动指标

指　标	含　义
OVC（％） 疫苗接种活动开始以来特定时间点的总体免疫覆盖率	OVC表明疫苗接种活动的进度是否按预期进行。例如，如果目标是在两个月内完成疫苗接种活动，则可以预计一个月内OVC应该大约为50％ 根据用于估计OVC的分母，可以了解符合接种条件的动物是否按计划被免疫，或整个群体的免疫率 将OVC与第3.4部分中建议的研究相结合，可以了解群体的预期免疫水平 OVC值低不一定表示免疫活动进展缓慢；该指标的分母实际上是免疫活动开始时畜群的估计数量，如果这个数字被高估，则会产生错误的低OVC值 如果畜群数量被低估，则结果正好相反
OCW（％） 农场内任何时间点的免疫覆盖率	这一比例取决于要接种疫苗的群体结构。如果有很大比例的动物因为年龄原因而不符合接种条件，这将影响OCW值。OCW值为80％左右可能表明种群的结构是这样的，即（在任何时间点）平均约20％的动物处于不符合接种疫苗的年龄 如果数值始终低于70％，则可能需要评估疫苗接种时间安排，并可能降低动物首次接种疫苗的年龄 免疫活动结束时估计的OCW的分母可以与免疫活动开始之前估计的动物总数进行比较，以评估估计值与实际数量之间的差距。请注意，免疫活动结束时（理论上已经访问了所有畜群）OCW的分母可以提供畜群结构的信息，并且可以用于计划下一次免疫活动所需的疫苗剂量数量

（续）

指　标	含　义
ORD（%） 从活动开始到活动结束期间接受加强免疫动物的总累计率	ORD 是指 6～12 月龄组中接受了加强免疫的动物比例。ORD 的分母是所有已经至少进行了一次免疫的动物，因此较低的值可能表示在第一次访问时发现（和免疫过）的动物在下一次访问中很难找到 合理的 ORD 值可能是 90%，超过 100% 的值表明免疫接种人员在填写表格时存在问题（ORD 不能高于 100%） 漏免率为 1－ORD（或使用百分比时为 100－ORD%）
RCV（%） 疫苗接种人员交付疫苗的交付率	RCV 表示免疫活动结束时共交付的疫苗剂量与免疫活动开始前库存疫苗剂量的百分比。这个百分比越接近 100%，对免疫活动所需剂量的估计就越好 较低的 RCV 值可能表示对所需剂量的估计不正确或交付给疫苗接种人员的剂量不足（尽管活动应该已经结束）
RMV（%） 每月（或其他时间段）向疫苗接种员交付疫苗的交付率	RMV 与 RCV 相似，主要区别在于 RMV 是针对特定时间段进行估计的。在每个时间段内，随着交付的剂量持续增加，RMV 在免疫活动实施期间应逐步增加
RUV（%） 选定时间段内的累计利用率	RUV 表示在免疫活动期间任何选定时间段内疫苗的使用率。接近 100% 的 RUV 值表明，在交付给疫苗接种员的疫苗中，有很高的百分比实际上已经给动物接种了 RUV 也可用于估计浪费百分比（1－RUV，即疫苗接种员已退回且不能使用剂量的比例）。高浪费百分比可能表明，与每个农场/农户中要接种动物的平均数量相比，每瓶疫苗的剂量太高导致不能完全用完一瓶疫苗

附录2　畜群免疫力田间调查设计的统计学方法

1. 前言

本附录的目的是根据文件中提议的不同研究设计提供所用的统计学背景知识。建议的一些方法将同样适用于不同目的，并将在适当的时候提及这些方法。

为了便于理解，下面使用示例进行解释。

在调查设计中，有两个重要的方面需要考虑：（ⅰ）决定目标群中哪些动物需包括在样本中的**选择过程**；（ⅱ）计算样本统计量（2，10，25）的**估计过程**（估计量）。

这两个方面密切相关，个体的选择方式将影响估计量的计算方式。

这就产生了参数（代表总体的特征）和（该参数的）估计量的概念，这是通过抽样实现的。

总体参数的估计总是容易受到随机误差的影响。随机误差不能完全消除，所能做的最好办法是通过适当的选择过程和样本大小来控制不可避免的误差。

这就是为什么用置信区间（均数标准误）表示估计量的原因，置信区间给出了（在指定概率水平上）参数的真实值（和未知值）可能的取值范围。标准误的宽度越窄，参数估计值就越精确。

标准误的宽度主要受以下因素影响：（ⅰ）样本量；（ⅱ）研究设计。

设计抽样调查时要考虑的另一个方面是初始假设。例如，如果要估计NSP阳性动物的比例，（为了计算样本量）就有必要初步判断该比例可能是多少。这一点有时会被那些不熟悉调查设计的人认为是有争议的，经常有人评论说："为什么要我猜这是不是我想知道的？"

问题是，从统计学的角度来看，这一初始假设对于估计样本量是必要的。

总而言之，设计抽样调查和计算样本量所需的"成分"如下：

预期流行率——预计会出现什么级别的"疾病"（阅读流行率）？这也可能会令人困惑，因为目标是测量这种流行率。然而，人们可以使用预先存在的研究或信息来源来设定这一估计。人们必须记住，预期流行率从1％上升到50％，样本量将增加；预期流行率从51％上升到100％，样本量又会下降。

估计流行率时**允许的误差范围**——当允许误差较大时（10％而不是5％），

研究的准确性就会降低，因此所需的样本量就会减少。通常，5％的误差适用于估计的流行率在 10％～90％，2％的误差适用于估计的流行率在 1％～10％或 90％～100％。

置信水平—通常，对于目的为估计流行率的研究，采用 95％的置信水平；而为了证明无疫，通常采用高的置信水平（99％）。

2. 方法 I

使用简单随机抽样（SRS）选择过程来估计产生免疫力的动物比例

第 3 章（3.4 部分）描述了这种方法的一个示例，详细解释如下。

目的： 估计首次免疫后产生特定水平保护性抗体（疫苗抗体）的动物比例。

目标群： 以前未自然感染、将注射 FMD 疫苗的 6～12 月龄动物。

关注单位： 个体动物。

可测量的反应： 针对疫苗中包含的病毒类型的 SP 抗体滴度和 NSP 抗体。如果保护阈值是已知的，那么 SP 抗体滴度高于这个阈值的动物被认为是"充分保护的"，而滴度低于这个阈值的动物被认为是"未充分保护的"。

抽样时间： 分别在接种疫苗时（t_0）以及在免疫后 28、56 和 168 天（分别为 t_1、t_2、t_3）进行抽样。这可以评估疫苗诱导的免疫应答和免疫活动的持续时间，并提供了一种消减先前暴露于病毒或试验期间病毒循环产生的免疫应答的方法。

方法和意义： 由于目的是评估注射疫苗引起的免疫应答，因此有必要区分疫苗免疫产生的抗体和先前暴露于野毒产生的抗体。假设所使用的疫苗不会诱导产生可检测到的 NSP 抗体，则在每个区间检测血清样本中的 NSP 抗体也可以区分免疫抗体和感染抗体。当该地区病毒循环率很低或为零，NSP 检测就可以用来表明 NSP 的纯度（实际上免疫动物中 NSP 检测的特异性）。如提议的那样，在不同的时间间隔对动物进行抽样意味着必须事先准备抽样计划，并应对这些动物进行个体标识（也就是佩戴耳标）。

研究设计： SRS 设计（在 SRS 设计下选择动物的程序的详细信息可在许多基本统计学教科书中获得，在此不再赘述）将要求提供目标群中个体动物列表。然后，可以从该列表中随机选择所需的个体数量。这份清单通常不能提前获得（特别是在发展中国家），因此不可能严格遵守 SRS 程序。

解决这一问题的一个实际方法是在疫苗接种活动开始之前初步选择 10 至

15 个流行病学单元（10～15 个流行病学单元的数量只是指示性的，一般情况下流行病学单元的数量应该足以包括至少两倍于估计样本量的合格动物）。

流行病学单元的选择应该基于以往口蹄疫的发生情况（以确保抽样动物已暴露于野毒的可能性较小）。一旦选定了流行病学单元，就应该对其进行访问，对符合标准（选择个体的源种群）的所有年龄动物进行普查。如果在走访时能够给动物个体佩戴耳标，就可以创建一份清单，随后可以根据 SRS 程序从清单中选择动物（也可以采用系统随机抽样的方法）。从实践的角度来看，这种方法可以被视为 SRS 设计的代表。

样本量：样本量估计包括统计学和非统计学两方面考虑因素。非统计学考虑因素包括抽样框架、资源、人力和设施的可用性。统计学因素考虑如下。

为了估计 SRS 设计中的样本量，使用的方程式如下：

$$n = \frac{1.96^2 p (1-p)}{e^2} \qquad \text{（公式 1）}$$

正如前言所述，要估计样本量，必须判断产生可检测水平抗体的动物的预期比例、允许的误差以及调查员希望得出结论的置信水平。

根据第 3.4 部分所列标准：（ⅰ）预期比例为 85%，在公式 1 中表示为 p；（ⅱ）绝对误差（允许误差或期望精度，在公式 1 中表示为 e）为 10%（这意味着如果预期比例确实为 85%，则预计获得的估计值将介于 75% 和 95% 之间）；（ⅲ）最后选择的置信水平是 95%，即调查者有 95% 的把握相信估计的比例（应当真的是 85%）确实会介于 75%～95%，1.96 是 95% 置信水平的正常标准差（如果调查者希望用 99% 或 90% 的置信水平，则值 1.96 应分别替换为 2.58 或 1.64）。

公式 1 用于估计无限总体的样本量，但是如果符合抽样条件的总体已知，那么可以使用以下公式调整有限总体的样本量：

$$n_i = \frac{1}{1/n + 1/N} \qquad \text{（公式 2）}$$

其中，n 是在无限总体中估计的样本量，N 是符合抽样条件的动物总数[①]。

将公式 1 应用于 3.5.1 部分，将得出：

[①] 如果按照建议的设计采集样本，从实际角度来看，最好不要采用修正系数，因为引入修正系数会导致样本量变小。

$$n = \frac{1.96^2 \times 0.85 \times (1-0.85)}{0.1^2} \approx 49$$

对于有限总体，样本量的计算没有经过修正。

用户可以根据流行率的不同假设来尝试不同的输入值。

表 4 显示了不同情况下所需的样本数量（在 SRS 设计下），假设所用诊断试验的敏感性和特异性均为 100%。

估计比例和置信区间：一旦从实验室获得检测结果，就可以估计流行率（及其 95% 的置信区间）。在 SRS 设计下，针对考虑的每个区间，抗体滴度等于或高于特定水平的动物的比例都可以估计，公式如下：

$$p = \frac{a}{n} \qquad\qquad （公式 3）$$

其中，a 是抗体滴度等于或高于既定阈值的动物数量，n 是样本中动物的数量（样本量）。

表 4　需要的样本数量

预期比例	允许误差	置信水平（%）	需要的样本数量
5 (95)	2	90*	322
		95	457
	5	90	52
		95	73
10 (90)	2	90	609
		95	865
	5	90	98
		95	139
20 (80)	5	90	174
		95	246
	10	90	44
		95	62
40 (60)	5	90	260
		95	369
	10	90	65
		95	93
50	5	90	271
		95	385
	10	90	68
		95	97

注：* 代表对 90% 的置信水平，标准差为 1.64。

估计比例 95％的置信区间（CI）为：

$$95\%CI＝p\pm1.96\times SE \qquad （公式4）$$

标准误（SE）如下：

$$SE（p）＝\sqrt{\frac{p（1-p）}{n-1}} \qquad （公式5）$$

将公式5中的 SE 代入公式4，95％的 CI 如下：

$$95\%CI＝p\pm1.96\times\sqrt{\frac{p（1-p）}{n-1}} \qquad （公式6）$$

假设49只免疫动物中有43只在免疫后第30天显示出可检测到的抗体水平（$a＝43$ 和 $n＝49$），则：

$$p＝\frac{43}{49}＝0.877（87.7\%）$$

$$SE（p）＝\sqrt{\frac{0.877（1-0.877）}{49-1}}＝0.047$$

估计比例 95％的置信区间（CI）则为：

$$95\%CI＝0.877\pm1.96\times0.047$$

因此，估计比例 95％的 CI 将为 0.877 ± 0.092，这意味着真实值在 0.744 8（或 74.48％）到 0.970 3（97.03％）之间。

在上面的公式（6）中，没有对有限总体进行修正。如果有符合抽样动物总数的数据可用，那么95％的置信区间应为：

$$95\%CI＝p\pm1.96\times\sqrt{\frac{p（1-p）}{n-1}\frac{（N-n）}{N}} \qquad （公式7）$$

其中，N 是被免疫且符合抽样的动物总数，数量 $\left(\dfrac{N-n}{N}\right)$ 是有限总体修正系数。

评论： 根据49只动物中有43只（87.7％）对免疫产生可测量反应的假设结果，调查者可以得出结论：（ⅰ）预期85％的动物对免疫产生可测量反应的初始假设与 87.7％的实际调查结果不同（尽管95％的置信区间 87.7％±9.2％包括85％的猜测流行率）；（ⅱ）87.7％的值代表了可用的最佳点估计（初始假设是估计样本量所必需的，但一旦数据可用，估计就应该是基于调查结果）。无论如何，可以得出的结论是，初始假设与实际调查结果相差不远。

用户可以发现，用于估计样本量的公式1仅仅是公式5的重排而已。实际上，允许误差就是估计的标准误。

备注：该方法也可用于按照系统随机抽样程序进行的任何选择过程。虽然不是严格正确，但在大多数实际目的中，引入的偏差是可以忽略不计的。

3. 方法 II

使用更复杂的研究设计（二阶段随机抽样）估计产生免疫力动物的比例

目的：估计总体中有"可测量水平抗体"动物的比例。

目标群：实施疫苗接种计划地区或区域内的动物总数，调查结果将适用于该地区或区域。如果目标群体是异质的，则应将其分层，因为免疫方案中物种组成或可变因素不同（如不同免疫策略、疫苗接种团队、冷链、疫苗批次等），不同亚群对免疫的应答水平可能显著不同。需要的确定性越大，分层就应该越彻底。在实践中，为了测试免疫效果的区域差异，通常将每种动物视为不同的目标群，则可能以省份或地区作为总体单位，而不是整个国家或地区。然后，推荐的抽样数量适用于每个亚群。

最后，还应考虑到，符合抽样条件的动物是构成目标群的所有动物，包括已免疫和未免疫的动物（在免疫活动中不符合接种资格的动物、没有接种疫苗的动物或新引进的动物）。

源种群：在预先选择抽样的初级抽样单位中（见下文的研究设计），符合抽样条件的个体动物。

关注单位：个体动物。

关注结果：可检测的口蹄疫抗体水平。

可测量的反应：针对疫苗中包含的病毒类型的 SP 抗体滴度。如果保护阈值是已知的，那么抗体滴度高于这个阈值的动物被认为是"充分保护的"，而滴度低于这个阈值的动物被认为是"未充分保护的"。

抽样时间：当定期实施免疫计划时，可以在预计最高或最低水平时估计免疫力。这要么是在免疫后第 30 天，要么是再次免疫动物的那一天。如果没有定期实施免疫，免疫当天的抽样可能无关紧要。

方法和意义：由于目的是评估总体免疫水平，因此区分疫苗免疫产生的抗体和可能因先前暴露于野毒而产生的抗体是很有用的。假设所使用的疫苗不会诱导产生可检测到的 NSP 抗体，检测血清样本中的 NSP 抗体也可以区分免疫抗体和感染抗体（注：即使使用未经纯化的疫苗，对畜群进行过 1 头份或 2 头份剂量疫苗免疫，诱导产生 NSP 抗体的动物比例也会很低）。当该地区病毒循环率很低或为零，可能不需要对 NSP 抗体进行检测了。

当定期实施免疫计划时，免疫水平与年龄直接相关。因此，建议按年龄分层；按年龄分层将有助于解释检测结果。每一不同的年龄组都应被看作不同的亚群。

如果免疫水平的估计仅限于一个特定年龄段，建议对 1～2 岁年龄段进行抽样，因该年龄段可能包括已经多次免疫的动物，并可能有助于了解较年轻年龄段（可能较低）和较年长年龄段（可能较高）的免疫水平。

如果不能提前获得每个流行病学单元中符合免疫条件的动物数量（在许多发展中国家很常见），那么应当在抽样时收集这些数据。

抽样设计：评估总体或特定亚群的免疫水平通常涉及复杂调查的设计。在这种特定情况下，设计很可能是二阶段整群抽样，其中第一阶段是抽取流行病学单元（初级抽样单元-PSUs），第二阶段是在所选择的 PSUs 内抽取个体动物（次级抽样单元- SSUs）。该过程是首先选择一定数量的 PSUs，然后在每个 PSUs 中选择一定数量的个体动物（SSUs）。显然，此过程中 SSUs 的选择仅限于在第一阶段所选出的 PSUs。

PSUs 可以通过不同的随机方法来选择。然而，PSUs 通常通过概率比例抽样法（PPS）或通过简单随机抽样法（SRS）来选择。如果提供了 PVM 区域中所有流行病学单元和每个流行病学单元动物数量的列表，则建议采用 PPS 抽样。此选择过程保证了样本是"自加权"的，并且在估计阳性（p）比例及其置信区间时不需要进一步调整（使用概率比例抽样法选择 PSUs 的过程在此不做讨论，可以参考许多统计学教科书）。更重要的需进一步考虑的是，如果使用 PPS 程序选择初级抽样单元，那么对于考虑抽样的每个年龄组，参考总体的大小可能是不同的。

在只有流行病学单元列表可用的情况下，通过简单随机抽样法选择初级抽样单元。

在可行的情况下，可以通过系统随机抽样或 SRS 来选择次级抽样单元。

样本量：为了计算合适的样本量，需要在精确度和成本之间取得平衡（19）。样本量取决于（与方法 I 中描述的类似）估计的期望精确度（或允许误差或标准误）、事件的预期流行率和所需的置信水平。在这种特定类型的调查中，PSUs 数量通常很大，总体的大小无关紧要。

两阶段抽样意味着有两个变异性来源：（ⅰ）PSUs 间（群间）的变异性；（ⅱ）PSUs 内的变异性。

需要引入两个额外的概念，即**设计效应**和**群内相关系数**，以便更好地理解应用这种复杂设计的意义（5，19）。

设计效应（D）是复杂设计中观察到的变异性与 SRS 设计（给定样本量 n）预期的变异性之间的比率。设计效应提供了为获得同样精确度（也就是相同的标准误）在复杂调查设计（如二阶段整群抽样，与简单随机抽样设计相比）中需要多少样本的指标。例如，如果 $D=2$，那么对于复杂调查设计，我们需要 $2n$ 个样本才能具有与 SRS 设计相同的精确度。这表示为：

$$D=\frac{s_{cluster}^2}{s_{srs}^2} \qquad \text{（公式 8）}$$

其中，s^2 是两类研究设计的方差。

设计效应只有在研究结束时才能准确计算。不过，它可以基于每个流行病学单元中采集样本的平均数量和群内相关系数（rho）的值进行估计，实际上：

$$D=1+（m-1）rho \qquad \text{（公式 9）}$$

其中，m 是每个流行病学单元中采集样本的平均数量。

群内相关系数（rho）用于量化评价群内各畜群单元彼此相似的程度。它通过比较群间方差和群内方差来说明群聚类数据的相关性。

这表示为：

$$rho=\frac{S_b^2}{S_b^2+S_w^2} \qquad \text{（公式 10）}$$

其中，S_b^2 是群间方差，S_w^2 是群内方差。注意，也可以通过重新排列公式 9 来估计 rho：

$$rho=\frac{D-1}{m-1} \qquad \text{（公式 11）}$$

---

rho 的值可能介于 0 和 1 之间（尽管负值也是可能的）。当 $rho=1$ 时，它对应于群内变量的完全分离：组成群的所有元素将具有完全相同的值。

如果变量在群之间是完全随机分布的，那么 $D=1+（n-1）rho=1$ 时，预期 rho 为零。如果 $rho=0$，则 D 为 1（独立于 n 的值）。这意味着群设计的变异性将等于 SRS 设计的变异性，并且不需要调整样本量。

参数 rho 将影响每个群内的样本量，通常随着 rho 的值接近 1，群内的样本量会减少（因为仅检测几个动物就足以获得所需的信息），但由于总体变异性增加，这将增加采样的 PSUs（群）的数量。

接近 1 的 rho 值很少见，通常认为 $\leqslant 0.2$、>0.2 且 $\leqslant 0.4$、>0.4 分别是低度、中度、高度同质的指标。

有几个特定的软件程序可用于计算样本量和分析两阶段整群抽样的结果，但需要一定水平的专业知识，而现场兽医往往没有这样的软件程序，特别是在发展中国家。在没有特定软件程序可用时，可以使用以下程序来估计这些复杂调查的大致样本量。

为了说明问题，样本量的估计分五个步骤给出：

步骤1-确定下列各项：

-所需的置信水平（通常为95%）；

-事件的预期流行率（p）；

-估计的期望精确度（或允许误差或标准误）（e）；

-在每个选定的流行病学单元中采集的样本数量（m）。

步骤2-假设使用公式1进行SRS设计，估计所需的SSUs（动物）总数：

$$n=\frac{1.96p(1-p)}{e^2}$$

步骤3-使用公式9估计设计效应（并假设每个流行病学单元中m个个体将被抽样）：

$$D=1+(m-1)rho$$

Rho的值可以从以前的研究中获得，也可以在试点研究中计算；如果这样做不可行，也可以使用具有类似流行病学特点的其他疾病的rho值。最后，如果上述选择都不可能，那么就需要猜测rho。如前所述，≤ 0.2、>0.2且≤ 0.4、>0.4分别是低度、中度、高度同质的指标。

步骤4-调整聚类效应的样本量：

$$n_{adjusted}=n\times D$$

其中，$n_{adjusted}$是考虑群研究对象相似性之后所需的SSUs总数。

步骤5-确定需要抽样的群（cluster）的数量（C）：

$$C=n_{adjusted}/m$$

最后，在给定的期望置信度、精确度和每个SSU的样本数情况下，获得通过二阶段抽样法估计事件流行率所需的SSUs的数量。

> 如上所述，仅为了说明问题，对此过程进行了逐步介绍。在实际中，可以直接应用以下公式（5）得到最终结果：
>
> $$C=\frac{1.96^2\times p\times(1-p)}{e^2\times m}\times D \qquad （公式12）$$

其中，D 可以用公式 8 替换：

$$C=\frac{1.96^2\times p\times(1-p)}{e^2\times m}[1+(m-1)\ rho]\quad（公式13）$$

在继续举例之前，需要注意的是，应选择的群数量至少为 25 个（如第 3.5.1 部分所述）。

例Ⅱ.a

假设需要评估牛群的免疫力状况。决定进行二阶段整群抽样，用 PPS 选择群以估计在实施该计划区域内具有口蹄疫"特定抗体水平"牛的比例。在这种情况下，决定按年龄（0～6 月龄、6～12 月龄、12～24 月龄和 24 月龄以上）对动物群进行分层，如第 3.5.1 部分所示。每一个不同的年龄组都应看作是不同的亚群。为了说明问题，仅对 0～6 月龄组的样本量、流行率和置信区间进行估计。

在实际中，一般认为每群采集 10 个样本是合理的工作量。预期流行率 60%、置信水平 95% 和精确度 10% 的估计是理想的。由于对所有 6 月龄及以下的动物都不进行免疫，母源抗体可能仍然存在，免疫水平可能是高度变异的，因此预计这些动物的免疫状况同质性相对较低。在缺乏以前调查的 rho 值数据的情况下，假设 rho 值为 0.2 可能是合适的。

现在的问题是：样本中应该包括多少个群？

抽样群的数量可用公式 13 进行估计：

$$C=\frac{1.96^2\times p\times(1-p)}{e^2\times m}[1+(m-1)\times rho]$$

将相应的值代入公式：

$$C=\frac{1.96^2\times0.6\times(1-0.6)}{0.1^2\times10}[1+(10-1)\times0.2]\approx26$$

总共应从 26 个流行病学单元采集 260 个样本。每个流行病学单元需要 10 个样本来评估 6 月龄及其以下年龄组的免疫力。

在这种情况下，群的数量等于 26（每群中要采集 10 个单独样本），这并不违反正态分布的假设，并且结果也是可接受的。

如果要采样的群的数量少于 25，则公式 12 应该通过 m 保持要抽样群的数量固定不变（$C=25$）来求解。这种方法已用于估计第 3.5.1 部分所示的 4 个不同年龄组的样本量。

估计流行率和置信区间：估计流行率应考虑选择群所用的程序。如果用概率比例抽样法（PPS）来选择群，并在每个流行病学单元中选择固定数量的研究对象，那么总体中每个动物被选择的概率是相同的。类似地，如果通过简单随机抽样法（SRS）来选择群，且每个流行病学单元中的动物被选中的比例不变，那么总体中每个动物被选择的概率也大致相同。

如果用简单随机抽样法（SRS）来选择群，且在每个流行病学单元中选择固定数量的研究对象，那么动物被选择的概率则不相等。为获得合适的点估计，应考虑这些被选择的不同概率。

选项 1. 使用概率比例抽样法（或每个 PSU 中动物的固定百分比的简单随机抽样法）选择群时对流行率和 *CI* 的估计

流行率可以用下列公式进行估计：

$$P = \frac{\sum y_h}{\sum m_h} \qquad (公式 14)$$

其中，y_h 是 h 个每类初级抽样单元（流行病学单元或群）中"充分保护"的动物的数量，m_h 是 h 个每类初级抽样单元中被抽样的动物数量。

95％置信区间用公式 14 进行估计：

$$95\%CI = p \pm 1.96 \times SE$$

其中：

$$SE = \frac{c}{\sum m_h} \sqrt{\frac{\left[\sum y_h^2 - 2p \sum m_h y_h + p^2 \sum m_h^2 \right]}{\left[c(c-1) \right]}}$$

$$(公式 15)$$

c 为抽样的群数量。

例 Ⅱ.b

在此例中，如前所述，对 26 个群进行了抽样，结果汇总见表 5：

"充分保护"的 6～12 月龄犊牛的比例可由公式 14 估计：

$$p = \frac{\sum y_h}{\sum m_h} = \frac{176}{260} = 0.676\,9 \approx 0.68$$

由于假设样本是用概率比例抽样法（PPS）采集的，因此不需要进一步调整，然后可以通过公式 15 计算估计的标准误：

$$SE = \frac{26}{260} \sqrt{\frac{\left[1\,252 - (2 \times 0.68 \times 1\,760) + (0.68^2 \times 2\,600) \right]}{\left[26\,(26-1) \right]}} = 0.031$$

计算的详细情况见表 6。

根据上述结果，95％置信区间为 0.68±1.96×0.031。因此，"受到充分保护"的动物的真实比例将在 0.62～0.74 之间。

表 5　获得的假设结果

群/类	M_h	m_h	y_h
1	80	10	6
2	212	10	9
3	35	10	4
4	1 000	10	6
5	23	10	8
6	145	10	7
7	145	10	6
8	569	10	6
9	675	10	8
10	25	10	5
11	67	10	7
12	58	10	4
13	45	10	8
14	55	10	6
15	90	10	5
16	78	10	9
17	234	10	8
18	30	10	5
19	780	10	9
20	900	10	8
21	1 200	10	6
22	35	10	7
23	187	10	8
24	26	10	7
25	812	10	9
26	27	10	5
总计	7 533	260	176

注：M_h 为 h 个每类初级抽样单元中符合条件的动物数量，m_h 为抽样动物的数量，y_h 为发现的阳性数量。

表6 用PPS法得出的聚类结果

群/类	m_h	y_h	y_h^2	$m_h y_h$	m_h^2
1	10	6	36	60	100
2	10	9	81	90	100
3	10	4	16	40	100
4	10	6	36	60	100
5	10	8	64	80	100
6	10	7	49	70	100
7	10	6	36	60	100
8	10	6	36	60	100
9	10	8	64	80	100
10	10	5	25	50	100
11	10	7	49	70	100
12	10	4	16	40	100
13	10	8	64	80	100
14	10	6	36	60	100
15	10	5	25	50	100
16	10	9	81	90	100
17	10	8	64	80	100
18	10	5	25	50	100
19	10	9	81	90	100
20	10	8	64	80	100
21	10	6	36	60	100
22	10	7	49	70	100
23	10	8	64	80	100
24	10	7	49	70	100
25	10	9	81	90	100
26	10	5	25	50	100
总计	**260**	**176**	**1 252**	**1 760**	**2 600**

选项2. 使用简单随机抽样法（且每个PSU中抽样动物的数量固定）选择群时对流行率和CI的估计

这种情况下，样本不是自加权的，在继续估计流行率及其置信区间之前，需要进行适当的调整。

每个聚类的加权因子是符合 M_h 条件的动物数量除以源种群中符合条件的动物总数，它表示为：

$$w_h = M_h / \sum M_h$$

然后，可以用下列公式估计加权比例：

$$p = \sum w_h \cdot p_h \qquad \text{（公式 16）}$$

其中，p_h 为 h 个每类初级抽样单元中阳性比例。

未加权和加权 p 值估计考虑的因素也适用于标准误估计。标准误可以用采集样本的加权数量和每个聚类中阳性结果的数量来估计：

$$SE = \frac{c}{\sum m_{hw}} \sqrt{\frac{\left[\sum y_{hw}^2 - 2p \sum m_{hw} y_{hw} + p^2 \sum m_{hw}^2 \right]}{\left[c(c-1) \right]}}$$

（公式 17）

其中，$m_{hw} = w_h \cdot n$（$n = 260$，表 5 和表 6 的总样本量），$y_{hw} = p_h \cdot m_{hw}$（$p_h$ 是每类中发现的阳性比例，也就是表 5 中的 $\frac{y_h}{m_h}$）。

最后，用公式 17 来估计 $95\% \, CI$。

例 Ⅱ.c

此例中使用的数据与上一个示例相同。然而，此例中假定用 SRS 代替 PPS 来选择群（因此样本不是自加权的）。因此，需要对调查结果进行加权，以估计事件的流行率。加权流行率由公式 16 估计。计算详情见表 7。

加权流行率 0.728 6（或 72.86%），与未加权估计不同。如果群的大小相似，则未加权和加权估计之间的差异仅略有不同。当群是农场、村庄、分群栏时，群大小的极差通常是很大的。

加权标准误用公式 17 计算：

$$SE = \frac{26}{260} \sqrt{\frac{3\,532 - (2 \times 0.73 \times 4\,743) + (0.73^2 \times 6\,576)}{\left[26\,(26-1) \right]}} = 0.041$$

（使用表 7 中的数据）求解公式 17 的计算详情见表 8。

根据上述结果，95% 的置信区间为 $0.728\,6 \pm 1.96 \times 0.041$。因此，具有"可检测水平抗体"的动物的真实比例将在 0.648（或 64.8%）至 0.809（或 80.9%）之间。

表 7　加权流行率的聚类结果

群/类	M_h	m_h	y_h	p_h	权重（W_h）	$p_h W_h$
1	80	10	6	0.6	0.011	0.006 4
2	212	10	9	0.9	0.028	0.025 3
3	35	10	4	0.4	0.005	0.001 9
4	1 000	10	6	0.6	0.133	0.079 6
5	23	10	8	0.8	0.003	0.002 4
6	145	10	7	0.7	0.019	0.013 5
7	145	10	6	0.6	0.019	0.011 5
8	569	10	6	0.6	0.076	0.045 3
9	675	10	8	0.8	0.090	0.071 7
10	25	10	5	0.5	0.003	0.001 7
11	67	10	7	0.7	0.009	0.006 2
12	58	10	4	0.4	0.008	0.003 1
13	45	10	8	0.8	0.006	0.004 8
14	55	10	6	0.6	0.007	0.004 4
15	90	10	5	0.5	0.012	0.006 0
16	78	10	9	0.9	0.010	0.009 3
17	234	10	8	0.8	0.031	0.024 9
18	30	10	5	0.5	0.004	0.002 0
19	780	10	9	0.9	0.104	0.093 2
20	900	10	8	0.8	0.119	0.095 6
21	1 200	10	6	0.6	0.159	0.095 6
22	35	10	7	0.7	0.005	0.003 3
23	187	10	8	0.8	0.025	0.019 9
24	26	10	7	0.7	0.003	0.002 4
25	812	10	9	0.9	0.108	0.097 0
26	27	10	5	0.5	0.004	0.001 8
总计	7 533	260	176			0.728 6

4. 方法 III

在群体水平上监测免疫后的免疫应答

目的：估计"未充分免疫"的流行病学单元的比例。

目标群：实施免疫计划的地区或区域内的流行病学单元总数。

表 8　求解公式 17 的加权值

群/类	m_{hw}	y_{hw}	m_{hw}^2	y_{hw}^2	$m_{hw}y_{hw}$
1	2.86	1.72	8.18	2.94	4.91
2	7.28	6.55	53.00	42.93	47.70
3	1.30	0.52	1.69	0.27	0.68
4	34.58	20.75	1 195.78	430.48	717.47
5	0.78	0.62	0.61	0.39	0.49
6	4.94	3.46	24.40	11.96	17.08
7	4.94	2.96	24.40	8.79	14.64
8	19.76	11.86	390.46	140.56	234.27
9	23.40	18.72	547.56	350.44	438.05
10	0.78	0.39	0.61	0.15	0.30
11	2.34	1.64	5.48	2.68	3.83
12	2.08	0.83	4.33	0.69	1.73
13	1.56	1.25	2.43	1.56	1.95
14	1.82	1.09	3.31	1.19	1.99
15	3.12	1.56	9.73	2.43	4.87
16	2.60	2.34	6.76	5.48	6.08
17	8.06	6.45	64.96	41.58	51.97
18	1.04	0.52	1.08	0.27	0.54
19	27.04	24.34	731.16	592.24	658.05
20	30.94	24.75	957.28	612.66	765.83
21	41.34	24.80	1 709.00	615.24	1 025.40
22	1.30	0.91	1.69	0.83	1.18
23	6.50	5.20	42.25	27.04	33.80
24	0.78	0.55	0.61	0.30	0.43
25	28.08	25.27	788.49	638.67	709.64
26	1.04	0.52	1.08	0.27	0.54
总计	260.00	190.00	6 576.00	3 532.00	4 743.00

关注单位：流行病学单元（农场、村庄、分群栏、浸浴池）。

抽样时间：当定期实施免疫计划时，可以在预计最高或最低水平时估计免疫力。这通常是在免疫后第 28 天或再次免疫动物的那一天。基于抗体水平等于或高于某一阈值来评估免疫计划的效果时，应考虑样本采集的时间。

方法和意义：为了估计 NAVEU（未充分免疫的流行病学单元）的比例，首先选择适当数量的流行病学单元（第一步），然后根据从选择的每个流行病学单元内采集的样本获得的结果来确定流行病学单元的状况（第二步）。在此基础上，估算 NAVEU 的比例。

方法 II 中按年龄分层的建议也适用于此。

由于目的是评估接种疫苗后流行病学单元的免疫水平，因此区分疫苗免疫产生的抗体和先前接触野毒产生的抗体很有必要。假设所使用的疫苗不会诱导产生可检测到的 NSP 抗体，那么检测血清样本中的 NSP 抗体也可以区分免疫抗体和感染抗体。当该地区病毒循环率很低或为零时，可能就不需要检测 NSP 抗体了。

选择流行病学单元的抽样设计：如果有可靠的流行病学单元列表可用，则可以通过 SRS 设计来选择流行病学单元。所选择的流行病学单元是从中抽取单个样本的源群体。

在每个流行病学单元内选择个体的抽样设计：可以使用 SRS 程序或系统随机选择过程来选择符合条件的个体动物。

估计所需流行病学单元的样本量：如前所述，样本量估计涉及统计和非统计两方面因素。在此例中，统计方面的因素包括需要解决的两个不同问题。

所需流行病学单元的数量取决于估计的期望精度、事件的预期流行率和所需的置信水平。使用 SRS 设计来估计样本量，应使用公式 1：

$$n = \frac{1.96^2 p(1-p)}{e^2}$$

如果符合抽样条件的总体数是已知的，且计算出的样本量是总体数的 1/10 或以上，那么可以通过有限总体修正系数来调整样本量。

评估每个抽样流行病学单元状况的样本量：

如果流行病学单元被充分免疫，首先要确定抗体水平等于或高于保护性水平的动物的预期流行率。一旦确定了该阈值，就可以计算样本量，以便使等于或小于该阈值抗体水平的动物概率不超过 5%（即置信水平为 95%）。

在这种情况下，每个流行病单元内的样本量可以使用以下公式进行估计：

$$n = \left[1 - (\alpha)^{1/D}\right]\left[N - \left(\frac{D-1}{2}\right)\right] \qquad \text{（公式 18）}$$

其中，α 是找不到至少 1 只抗体滴度等于或高于特定水平动物的概率

（α＝1－置信水平）；

D 是假设存在的抗体滴度等于或高于特定水平的动物的绝对数量（通过预期流行率乘以 N 获得）；

N 是在任何流行病学单元中符合抽样条件的动物总数。

当从无限总体中抽样时，也可以使用以下近似公式：

$$n=\frac{\log(\alpha)}{\log(1-p)} \qquad \text{（公式 19）}$$

其中，α 是在样本中找不到至少 1 只抗体滴度等于或高于特定水平动物的概率（α＝1－置信水平）；

p 是抗体滴度等于或高于特定水平动物的最低预期流行率。

如果没有找到抗体滴度等于或高于特定水平的动物，流行病学单元将被归类为 NAVEU（未充分免疫的流行病学单元）。

估计流行率和置信区间： 一旦确定了所有流行病学单元的状态，就可以分别使用公式 3 和公式 6 来估计 NAVEU 的流行率及其 95％的置信区间。

例Ⅲ.a

三年前实施了口蹄疫免疫计划。3 月龄以上牛每 6 个月免疫一次。全部牛群分布于 1 000 个流行病学单元中。调查的目的是估计 NAVEU 的比例。在这个例子中，如果抗体滴度等于或高于特定水平动物的流行率＜70％，则认为流行病学单元是 NAVEU。

首先，计算合适的流行病学单元数量。假设 NAVEU 的预期流行率为 $p=0.35$（或 35％，意味着预期 65％的流行病学单元'充分接种'了疫苗），并且预期绝对精确度为 0.05（或 5％）、置信水平为 95％，则（使用公式 1）：

$$n=\frac{1.96^2(0.35)(0.65)}{0.05^2}\approx350$$

由于要采样的流行病学单元数量大于总流行病学单元数量（350/1 000）的 10％，因此应用有限总体修正系数（使用公式 2）：

$$n_i=\frac{1}{1/350+1/1\,000}\approx259$$

其次，计算每个流行病学单元的合适样本数。假设抗体滴度等于或高于特定水平动物的最低预期流行率为 70％，期望的置信水平为 95％，且在该流行病学单元中有 100 只合格动物，则应用公式 18：

$$n=\left[1-(0.05)^{1/70}\right]\left[100-\left(\frac{70-1}{2}\right)\right]=2.7\approx3$$

因此，需要在每个有 100 只符合抽样条件动物的流行病学单元中采集 3 个单独的样本。可以预先准备一个表格，在该表格中，要抽取的样本数量将是存在的符合条件的动物总数的函数。

如果在采集的 3 个样本中没有一个是阳性的，这意味着（95％的置信水平）阳性的流行率低于 70％。因此，流行病学单元被归类为 NAVEU。

当从无限总体中抽样时，也可以使用公式 19：

$$n = \frac{\log(0.05)}{\log(1-0.70)} = 2.488 \approx 3$$

为了特定目的，即使样本来自有限总体，也可以使用近似公式。由于使用近似公式，每个流行病学单元要采集的额外样本数量通常很少。

估计值和置信区间：一旦确定了所有流行病学单元的状态，就可以估计 NAVEU 的流行率及其 95％的置信区间。

假设被测试的 259 个流行病学单元中有 72 个被归类为 NAVEU（这意味着在这 72 个流行病学单元中，所有抽样动物的诊断检测结果均为阴性），则 NAVEU 的比例由公式 3 给出：

$$p = \frac{72}{259} \approx 0.28 \ (28\%)$$

标准误 p 用公式 5 进行估计：

$$SE(p) = \sqrt{\frac{0.28 \times 0.72}{259-1}} \approx 0.028$$

95％的置信区间用公式 6 进行估计：

$$95\% CI = 0.28 \pm 1.96 \times 0.028$$

因此，估计比例的 95％的置信区间将为 0.28±0.055，这意味着真值（95％CI）介于 0.335（或 33.5％）和 0.225（或 22.5％）之间。

当系统地实施疫苗接种计划时，年龄较大的动物会比年龄较小的动物接种疫苗更频繁，因此，年龄越大的动物，其免疫水平就越高。因此，建议按年龄分层。每一个不同的年龄组都被认为是不同的亚群（也就是说，在每个年龄层都进行全面的调查）。

附录3　加强兽医机构

OIE PVS 提升路径

世界动物卫生组织兽医机构效能提升路径（OIE PVS 提升路径）支持兽医机构实现质量标准和良好治理，这是成功支持 FAO/OIE 全球口蹄疫控制战略（43）和口蹄疫免疫后监测指南等实施的关键决定因素。

动物卫生体系的良好治理是所有政府的责任。该体系以疾病预防和准备、疫病早期发现和透明报告、快速反应和适当的立法和执法手段以及密切的公私伙伴关系等为基础。在当今相互关联的现实中，任何地方的潜在薄弱环节都可能影响全局。

为了帮助各成员国加强国家兽医机构能力，以达到《陆生法典》规定的兽医机构质量标准，OIE 制定了兽医机构效能提升路径（OIE PVS 提升路径），以评估绩效并帮助持续改进和目标投资，以最大限度地提高效率。

该策略可以直观地表示为：

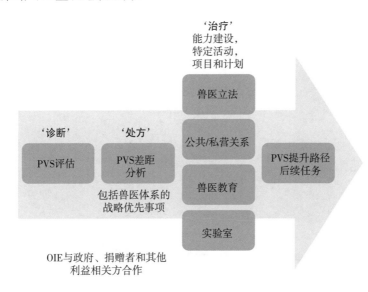

有关 PVS 工具应用和能力建设结对项目的更多信息，可从 OIE 网站 www. oie. int 上的以下资源获取：

－PVS 提升路径：www. oie. int/en/support-to-oie-members/pvs-pathway

－PVS 评估：www. oie. int/en/fileadmin/Home/eng/Support ＿ to ＿ OIE ＿ Members/pdf ＿ A ＿ Tool ＿ Final ＿ Edition ＿ 2013. pdf

－PVS 差距分析：www. oie. int/en/support-to-oiemembers/pvs-gap-analysis/pvs-gap-analysis-tool/

－兽医立法：www. oie. int/en/support-to-oiemembers/veterinary-legislation/

－兽医教育结对指南：www. oie. int/en/support-to-oie-members/veterinary-education/

－兽医实验室结对指南：www. oie. int/en/support-to-oie-members/laboratory-twinning/.

附录 4　疫苗保护效果

1. 理论

疫苗保护效果（vaccine effectiveness，VE）是指在免疫活动中，疫苗在田间达到的保护水平。这可能与疫苗效力（vaccine efficacy）不同，后者指的是理想条件下的保护水平。

疫苗保护效果的差异是不可预测的，应对其进行监测，特别是在免疫计划实施期内发生疫情时。对于人医来说，疫苗保护效果评估是疫苗获得许可后评估的关键步骤。

由于不符合冷链和保质期要求，疫苗的田间保护效果可能不同于理想条件下的保护水平。此外，不同批次的疫苗保护效果可能不同，个体的免疫应答也会有所不同。

疫苗保护效果通常是通过比较在相似的病毒暴露水平下免疫动物和非免疫动物的发病率或感染率进行计算的，公式如下：

$$VE = (R_U - R_V)/R_U \qquad （公式 1）$$

其中，R_U 是未免疫群体的发病风险或发病率，R_V 是免疫群体的发病风险或发病率。

这个方程式可以重新表述为：

$$VE = 1 - R_V/R_U \qquad （公式 2）$$

它通常是以百分比形式表示。

计算 VE 所需的数据通常是在田间研究中收集的（27）。

可能有几种不同的设计。下面详细描述一种基于暴发调查的简单设计。读者可参考其他文献了解其他设计的详细信息（8、27、33）。由于需要病例，所以许多方法不适用于无疫群体。

2. 回顾性疫苗保护效果队列研究

2.1　暴发选择

–选择在过去 6 个月内接种了疫苗但随后暴发口蹄疫疫情的大型农场或村庄（受相同疫情影响的几个相邻村庄/农场可在同一调查中进行评估）。

——旦疫情结束（疫情将近结束可能就足够了），就对疫苗保护效果（VE）

进行调查。

　　-必须有良好的动物免疫记录。小型养殖户可能会充分记住细节。

　　-农民必须知道哪些动物发生了口蹄疫。

　　-暴发前（前三年）没有口蹄疫暴露史。

　　-在疫情暴发期间进行的额外免疫将使调查复杂化。

2.2　抽样和数据收集（包括模板）

　　-收集当地牲畜管理、免疫和口蹄疫发生历史的详细情况（表9）。

　　-走访已知的有口蹄疫病毒暴露史的养殖户/群体，即那些有病例或已知接触过病例的养殖户/群体。如没有足够时间走访所有符合条件的养殖户/群体，则应选择随机样本。如果不能做到这一点，可以从村庄或大型农场的不同地理区域系统地选择相等比例的养殖户/群体。

　　-然后收集养殖户的每只动物是否受到口蹄疫影响和免疫的细节。采集动物的血液样本（仅包括24月龄及以下的牛）。除不可能或不安全的情况外，都需要对所有牛进行口腔检查，检查硬腭、牙龈、嘴唇和舌头（拉出）上的口蹄疫病变。

　　-口腔水疱通常在感染后4天左右出现。尽管舌乳头的缺损病灶可能在几周内仍可见（1），但是口腔病变通常在10天内愈合，留下的疤痕随着时间的推移也变得不明显。由于临床症状的出现与排毒和传播密切相关，因而这种相关结果可以用来评估疫苗保护力。

　　-6月龄以下的牛可以排除在外，因为它们可能有母源抗体保护。

　　-一次调查可能需要3名训练有素的工作人员，大约8天时间完成；虽然应该计算样本量，但处理设施简陋时，需要至少对250头牛进行采样（更多最好）。

表9　在回顾性疫苗保护效果队列研究期间收集的信息

养殖户详细信息： -省、地区、村庄和农户姓名，放牧类型（未放牧、私人牧场或共同牧场）、畜群大小、第一个和最后一个 FMD 病例出现时间
动物详细信息： -动物耳标号、年龄、性别、同群组、品种 - FMD（ⅰ）农户报告；（ⅱ）临床检查发现；（ⅲ）血清学监测
免疫详细信息： -最近一次免疫日期、最近一次免疫口蹄疫疫苗的类型和批次、至今接种的疫苗剂量、疫情暴发到最后一次免疫之间的时间、最后一轮免疫的群组疫苗覆盖率（根据数据计算）

2.3　分析

最简单的分析是根据动物一生中接种的疫苗剂量来观察发病率（病例数量/动物数量）。如果农民报告口蹄疫或检查时发现口蹄疫，就将其视为发病动物。如果使用纯化疫苗，可以通过 NSP 血清学检测来评估感染状态。

可以使用公式 1 或公式 2 来评估最近一次疫苗免疫保护效果，最好对在其一生中接种了不同剂量疫苗的牛进行单独的估计。在严格实施免疫的地方，免疫与年龄高度相关，可能无法将年龄的保护作用与疫苗的保护效果分开。如果所有年龄的未免疫牛仍存在，这种影响可以通过使用多变量回归技术或分层分析（Mantel-Haenszel）方法来控制。如果不这样做，未经调整的原始疫苗保护效果（VE）很可能是有偏见和误导性的。其他混杂因素也应该调查。但是，通过观察免疫动物的发病率和判断发病率是否高得令人无法接受（特别是那些多次免疫的动物）等，仍然可以对疫苗保护效果做出结论。

优点：该方法成本相对较低，实施速度快，有可能获得结果。

缺点：该方法依赖于农民的回忆和记录，因此建议进行不同来源的交叉核对。调查的暴发可能是疫苗失效的孤立案例，可能不能反映典型的疫苗性能。未免疫的对照动物可能并不总是存在。

更多细节见文献 Knight-Jones 等（27）。

图书在版编目（CIP）数据

口蹄疫免疫及免疫后监测指南 /（意）詹卡洛·费拉里等编；中国动物卫生与流行病学中心组译；宋建德，李昂主译. —北京：中国农业出版社，2022.5

书名原文：Foot and mouth disease vaccination and post-vaccination monitoring guidelines

ISBN 978-7-109-29681-7

Ⅰ.①口… Ⅱ.①詹… ②中… ③宋… ④李… Ⅲ.①动物病毒病－口蹄疫－免疫－指南 Ⅳ.①S855.3-62

中国版本图书馆 CIP 数据核字（2022）第 121027 号

合同登记号：图字 01-2022-2963 号

口蹄疫免疫及免疫后监测指南
KOUTIYI MIANYI JI MIANYI HOU JIANCE ZHINAN

中国农业出版社出版
地址：北京市朝阳区麦子店街 18 号楼
邮编：100125
责任编辑：张艳晶
版式设计：杜　然　责任校对：周丽芳
印刷：中农印务有限公司
版次：2022 年 5 月第 1 版
印次：2022 年 5 月北京第 1 次印刷
发行：新华书店北京发行所
开本：787mm×1092mm　1/16
印张：6.25
字数：100 千字
定价：80.00 元